西安建筑科技大学建筑学院办学60周年系列丛书

Book series on the 60th Anniversary of the
College of Architecture,
Xi'an University of Architecture and Technology

U I A

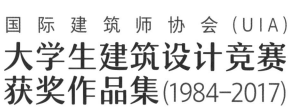

国 际 建 筑 师 协 会 （UIA）

大学生建筑设计竞赛
获奖作品集 (1984-2017)

Awarded Works of UIA International Student
Competition in Architectural Design

西安建筑科技大学建筑学院教授委员会 编著

中国建筑工业出版社

UIA

本书编委会

主　编
西安建筑科技大学建筑学院教授委员会

主任委员
李志民

副主任委员
刘　晖　任云英　杨　柳　张　沛　林　源

委　员（按姓氏笔画排序）

于　洋　王　军　王　琰　王劲涛　王树声　尤　涛　叶　飞

刘加平　刘克成　闫增峰　李　昊　李军环　李岳岩　杨建辉

杨豪中　肖　莉　吴国源　何　泉　宋　辉　张　倩　张　群

张中华　陈晓键　陈景衡　岳邦瑞　周庆华　赵西平　胡冗冗

段德罡　黄明华　黄嘉颖　常海青　董芦笛　雷振东　撒利伟

执行主编
段德罡

主　审
张　光

序

　　1949年后的很长一段时间内，中国建筑界与国际建筑界的交流十分有限，直到改革开放后这一情况才逐步改善。改革开放迄今四十余年来，中国从建筑业大国逐步走向建筑业强国，建筑教育也取得了辉煌的成就，培养了许多享誉世界的建筑师，对外开放程度显著提高，中国建筑师在世界舞台上频繁发声，取得了日益增多的话语权。

　　国际建筑师协会（UIA，Union International des Architectes）大学生建筑设计竞赛是为全球建筑学专业学生设置的最高规格竞赛，被誉为"世界建筑学专业学子的奥林匹克大赛"，其目的在于鼓励、引导未来的建筑师们参与探讨当代全球建筑理论、建筑设计最前沿的问题。改革开放初期，西安建筑科技大学建筑学院（时称西安冶金建筑学院建筑系）师生在十分艰苦的条件下，于1984年首次参加此项竞赛，为更全面、准确地阐释"建筑师促成居住者进行住宅规划与设计"的竞赛主体，竞赛组师生兵分三路，针对城市（陕西西安）、中小城镇（河南南阳）及乡村（陕西乾县）进行了深入的调研，最终提交了针对"城市旧区居住者""中小城镇新区居住者"及"农村窑洞居住者"如何参与居住空间的规划、设计、改造的三个方案，三个方案同时获得了全球第三名"国际建协叙利亚建筑界奖"的优异成绩。此次获奖引起了全社会的巨大反响，多家新闻媒体竞相报道；共青团陕西省委授予竞赛小组"新长征突击队"称号，陕西省委书记前往学校授旗颁奖；《报告文学》以"大学生交响曲"为题对竞赛全过程进行了报道。作为国内首个参加此项竞赛的院校，建院学子为祖国在国际上赢得了极大的声誉，展现了中国建筑学子的靓丽风采，受到社会的广泛关注，也让众人因此记住了"西安冶金建筑学院"这个名字，并由此开启了我校UIA竞赛系列获奖的辉煌历程。

　　西安建筑科技大学从1984年到2017年先后12次参加UIA大学生建筑设计竞赛，其中10次获奖，共计获得奖项22个。其中，1990年荣获第14届UIA大学生建筑设计竞赛最高奖——"联合国教科文组织奖"，这也是我国大学生首次在这项全球最高规格的竞争中获得至高殊荣，联合国教科文组织驻华代表泰勒博士专程来我校向获奖学生颁奖。1999年于中国北京召开的第20届国际建协大会，也是在亚洲第一次举办该项盛会。基于对之前取得成绩的肯定，受UIA国际建协第20届大会科委会委托，西安建筑科技大学承办了此次设计竞赛，做了大量出色的工作，获得了极大的成功。在2014年的第22届UIA大学生建筑设计竞赛中，我校包揽了前两名，又一次取得了优异成绩。在2017年的第23届UIA大学生建筑设计竞赛中我校共有7组参赛作品获奖，成为该项赛事在一次竞赛中获奖最多的院校。

学生参加各种国内外的设计竞赛活动是十分有益的交流与学习机会，其参赛作品是学生系统思维与设计能力的综合反映，也是对教学质量的一次高标准检测，这对于培养学生兴趣、提高教师和学生的理论水平、拓宽专业视野、与时俱进推动教学改革等具有重要作用。在过去的三十余年里，参加UIA大学生建筑设计竞赛成为我院与国际建筑教育接轨、进行理论前沿思潮交流的重要平台与窗口。2008年及以前我院参加的竞赛题目大多立足西北地区，基于地方现实问题探索的同时向世界展示中华民族传统人居智慧，为处于快速工业化进程中的世界各国带来启示与反思。随着UIA竞赛组委会命题方式的变化，2011年及以后我院参加了以日本、南非、韩国各国固定选址为命题的竞赛，也取得了优异成绩，充分证明了我院建筑教育"立足西北、面向全国、放眼世界"的教育理念成效卓著，也证明了中国的建筑教育已与世界建筑教育同步并进。经过改革开放后三十余年的交流及自身孜孜不倦的努力，我们已经成为世界建筑教育领域一支举足轻重的力量，并将持续地为全球人居环境的建设发展贡献中国智慧和中国担当。

此次将我院自参加UIA国际大学生建筑设计竞赛以来的获奖作品及竞赛花絮进行收集、整理并付印出版，展现的不仅仅是竞赛获奖作品本身，也是为了记录西安建筑科技大学建筑学院致力于培养人才、潜心教学、改革创新的时代身影，从一个侧面反映中国建筑教育不断进取所取得的成就——从走向世界到引领时代。同时展示的还有我院师生立志承接前辈开创的基业，继往开来奋发图强不断创新的宏图愿景。感谢取得这些优秀成绩的建院师生们，相信今后还有更多同学参加各类高水平国际设计竞赛，在竞赛过程中不断放飞心智、精心思考、不断提高，以前无古人的意志与力量担负起时代的责任与使命，不断创造佳绩，再现建院辉煌！

西安建筑科技大学建筑学院教授委员会

2019年8月

目录

竞赛概述

SUMMARY OF THE COMPETITION
XI'AN UNIVERSITY OF ARCHITECTURE AND TECHNOLOGY

西安建筑科技大学
参加 UIA 大学生建筑设计竞赛概述

UIA（国际建筑师协会）于 1948 年 6 月 28 日成立于瑞士洛桑，每 3 年举办一次世界建筑师大会，至今共举办 26 届。国际建协和联合国教科文组织（UNESCO）配合大会主题举办国际大学生建筑设计竞赛（IPSA），自 1955 年起至今已举办了 23 次。UIA 国际大学生建筑设计竞赛是当今世界建筑学专业学生的最高规格竞赛，被誉为"世界建筑学专业学子的奥林匹克大赛"。其目标旨在为未来的建筑师提供展示其设计潜能的机会。通过对特殊地理、生态、社会及政治环境的把握创作出富有挑战意义的建筑设计，鼓励、引导未来的建筑师参与当代全球建筑理论最前沿的课题研究。

西安建筑科技大学组织学生参赛始于 20 世纪 80 年代初，因此，也成为我国最早参加此项竞赛、并向全世界展示中国学子风采的院校。从 1984 年至 2017 年先后 12 次参赛，其中 10 次获奖，并于 1990 年荣获第 14 届 UIA 大学生建筑设计竞赛最高奖——"联合国教科文组织奖"。1999 年于北京召开第 20 届国际建协大会将大学生建筑设计竞赛单元（含：为竞赛出题、收集竞赛方案、组织专家评审、优秀方案展览等）交由我校承办，获得巨大的成功。在 2014 年的第 22 届 UIA 国际大学生建筑设计竞赛中我校包揽了前两名，又一次取得了十分优异的成绩。在 2017 年的第 23 届 UIA 大学生建筑设计竞赛中共 7 组参赛作品获奖，成为该项赛事在一次竞赛中获奖最多的高校，为中国建筑学子在国际上赢得了极大的声誉。

国际建筑师协会（UIA）大学生建筑设计竞赛获奖作品集（1984-2017）

建筑面临新的任务　瑞士　洛桑

新任务下建筑的选择　摩洛哥　拉巴特

处在十字路口的建筑　葡萄牙　里斯本

建筑学与建筑的演变发展　荷兰　海牙

城市的改造与建设　苏联　莫斯科

新技术与新材料　英国　伦敦

发展中国家的建筑　古巴　哈瓦那

建筑师的培养　法国　巴黎

建筑与人类环境　捷克斯洛伐克　布拉格

作为社会原动力的建筑　阿根廷　布宜诺斯艾利斯

建筑与娱乐　保加利亚　瓦尔纳

创造与技术　西班牙　马德里

建筑与国家发展　墨西哥　墨西哥城

建筑·人·环境　波兰　华沙

| 1948 | 1951 | 1953 | 1955 | 1958 | 1961 | 1963 | 1965 | 1967 | 1969 | 1972 | 1975 | 1978 | 1981 |

注：
黑色字体——大会时间、主题和举办地点
红色字体——竞赛题目、所获奖项

后人类都市性：首尔南山——一个具有生态多样性的未来　二等奖、三等奖、荣誉提名奖　城市灵魂　韩国　首尔

别样的建筑——寻找其他途径，创造美好未来　第一名、第二名、入围奖、优秀奖　建筑在他处　南非　德班

设计 2050——跨越灾难，紧密团结，面向可持续发展　日本建筑师学会奖　设计 2050　优秀奖　日本　东京

图腾　第七名、优秀奖　传播建筑　意大利　都灵

极端——在特殊及极端条件下创造空间　日本建筑师学会奖　城市——建筑的大集市　土耳其　伊斯坦布尔

资源建筑　德国　柏林

二十一世纪的城市住区　优秀作品奖　21 世纪的建筑学　中国　北京

城市中建筑的现状与未来　西班牙　巴塞罗那

可持续发展的社区方案——构想探索　美国建筑师协会奖　2000 年的展望　美国　芝加哥

一所含有回忆与期望的居住生活环境的今日之住宅　联合国教科文组织奖　文化与技术　加拿大　蒙特利尔

交流憧憬，建设现实　国际建协北欧分会奖、匈牙利分会奖、澳大利亚分会奖　住房与城市——建设明日之城市　英国　布莱顿

建筑师促成居住者进行住宅规划与设计　国际建协叙利亚建筑界奖　建筑师现在与未来的使命　埃及　开罗

1984　1987　1990　1993　1996　1999　2002　2005　2008　2011　2014　2017······

西安建筑科技大学参加 UIA 大学生建筑设计竞赛获奖情况一览表

序号	竞赛名称	竞赛题目	获奖时间
1	第十二届 UIA 国际大学生建筑设计竞赛	建筑师促成居住者进行住宅规划与设计 The Architect as an Enabler of User House Planning and Design	1984 年
2	第十三届 UIA 国际大学生建筑设计竞赛	交流憧憬，建设现实 Communicating Dreams，Building Reality	1987 年
3	第十四届 UIA 国际大学生建筑设计竞赛	一所含有回忆与期望的居住生活环境的今日之住宅 A Today's Courtyard House in the Older Neighbourhood	1990 年
4	第十五届 UIA 国际大学生建筑设计竞赛	可持续发展的社区方案——构想探索 Ideas Exploration — A Call for Sustainable Community Solutions	1993 年
5	第十七届 UIA 国际大学生建筑设计竞赛	21 世纪的城市住区 Urban Housing for the 21st Century	1999 年
6	第十九届 UIA 国际大学生建筑设计竞赛	极端——在特殊及极端条件下创造空间 Extreme：Creating Space in Extreme and Extraordinary Conditions	2005 年
7	第二十届 UIA 国际大学生建筑设计竞赛	图腾 Totem	2008 年
8	第二十一届 UIA 国际大学生建筑设计竞赛	设计 2050 Design 2050	2011 年
9	第二十二届 UIA 国际大学生建筑设计竞赛	别样的建筑——寻找其他途径，创造美好未来 Architecture Otherwhere	2014 年
10	第二十三届 UIA 国际大学生建筑设计竞赛	后人类都市性：首尔南山——一个具有生态多样性的未来 Post human Urbanism：the south mountain of Seoul —— a future with ecological diversity	2017 年

参赛学生	指导教师	获奖等级
王瑶女、陈勇、周庆华、孙西京、高青、张新悦女、陈漪女、吴天佑、唐和、王琦、李唐兴、陈忠实、聂刚	佟裕哲、张缙学、侯继尧、汤道烈、张似赞、李觉	国际建协叙利亚建筑界奖
李建、何健、程帆、石晶女	张缙学、张似赞	国际建协北欧分会奖
芦天寿、陈君、韩冬		国际建协澳大利亚分会奖
康建清、胡文荟、朱亦民、王懿女		国际建协匈牙利分会奖
岑兆缨、邓康、葛晓林女、姜立军、田军、王文、袁东书、杨彤女、杨晔	李觉、刘辉亮	联合国教科文组织奖（最高奖）
艾红波、陈健、戴军、邓向明、金晓曼女、刘向东、马健女、钱浩、桑红梅女、叶蕾、张群、张彧女、张潮辉、赵琳女	王竹、李觉	美国建筑师协会奖
常海青女、尤涛、朱城琪女、陈景衡女、白宁女、徐淼女、陈琦、史晓川、里锁、单延蓉女、武岗、俞锋、谭琛琛、刘芹女、武浩杰、郑冬铸、赵海东、刘航女、钮冰女、付小飞	肖莉女、张似赞	优秀作品奖
陈敬、张磊、胡毅、徐洋女、王军、袁志涛	李军环、王健麟	日本建筑师学会奖
李娟女、邹苏婷女、陈潜、职朴、孟广超、张婷婷女	李军环、靳亦冰女	第七名
王汉奇、梁小亮、闫冰女、汤洋、戴靓华女、徐心	李岳岩、陈静女、孙自然女	优秀奖
侯天航、亢园园、李房源、李思彦、景光	王葆华（艺术学院）、杨豪中	优秀奖
吴明奇、牛童女、冯贞珍女、崔哲伦女、罗典	裴钊	第一名
周正、卢肇松、古悦女、张士晓、高元、鞠曦女	李昊	第二名
杜怡女、宋梓仪女、李乐女、李长春、刘彦京、李乔珊女	李岳岩	入围奖（前15名）
兰青、刘伟、刘俊女、李小同女、钱雅坤女、张佳茜女	李岳岩	优秀奖（前24名）
李雪晗女、李芸女、李江铃女	李岳岩、陈静女	二等奖
杨琨、贾晨茜女、高健	王璐女、苏静女	三等奖
凌益、王江宁、迟增磊、朱可成	李昊、王墨泽、吴珊珊女	三等奖
樊先祺、郝姗女、胡坤	陈静女、李建红女	荣誉提名奖
张书羽女、周昊女、阳程帆	李昊、王墨泽、吴珊珊女	荣誉提名奖
赵欣冉女、姚雨墨女、蔡青菲女	周志菲女、叶静婕女、徐诗伟	荣誉提名奖
李政初女、陶秋烨、韦森	周志菲女、叶静婕女、徐诗伟	荣誉提名奖

国际建筑师协会（UIA）大学生建筑设计竞赛获奖作品集（1984-2017）

竞赛相关报道

"称雄国际赛场"——我校大学生参加国际竞赛追述

从 20 世纪 80 年代初起，我校优秀学子在全球最高规格的国际大学生建筑设计及论文竞赛中先后十余次名列前茅，获得二十余项奖励。尤其是我校建筑学院的学生先后六届在国际大学生建筑设计竞赛中荣获大奖，这一国内外高校绝无仅有的优异成绩让中国建筑界为之振奋，让国外建筑界为之惊奇。这一国内外高校绝无仅有的优异成绩建大声名远扬，也曾让多少人因此记住了建大的名字。

由联合国教科文组织和国际建筑师协会联合举办的国际大学生建筑设计竞赛，其目的在于鼓励、引导未来的建筑师参与当代全球建筑理论最前沿的课题研究。这项全球最高规格的竞赛由来已久，我校组织学生参赛始于 20 世纪 80 年代初，我校因此也成为我国最早参加此项竞赛、并向全世界展示中国学子风采的院校。

1982 年 7 月，国际建筑师协会决定，1983 年举办主题为"建筑师促成居住者进行住宅规划与设计"第 12 届国际大学生建筑设计竞赛。获知这一信息后，我校于 1983 年初组成了由建筑学专业 1979 级学生陈勇、陈忠实、高青、李唐兴、聂刚、孙西京、唐和、王瑶、王琦、吴天佑、陈漪、张新悦、周庆华 13 名学生组成竞赛设计小组。同学们在佟裕哲、张缙学、侯继尧三位老师的悉心指导下，连续奋战 8 个月，分别到全国 13 个大中城市和我省的延安、乾县、西乡等地做社会调查，理论联系实际搞设计，不断探索，大胆创新。最后研究设计出"促成城市旧区居住者改建住宅规划与设计""促成中小城镇新区居住者对住宅规划与设计""促成农村窑洞居住者对窑居规划与设计"三个方案，作为一个整体寄至国际建筑师协会评委会。经统计，参加这次竞赛的有 44 个国家的 186 个方案。经评委会评选，19 个国家的 22 个方案最终获奖。我校学子的参赛方案名列第三。初次参赛便荣获大奖使国际建筑界见证了我校学子的实力，国际建筑师协会特别邀请我校派代表参加 1985 年元月在开罗召开的第 15 届国际建筑师大会，会上对所有的获奖作品进行了隆重的表彰，并展出了获奖方案。初次参赛便荣获大奖也使中国建筑界为之振奋，我校学子为国争光的盛举也得到了上级部门的充分肯定，1984 年 5 月 4 日共青团陕西省委作出决定，授予我校建筑学专业国际大学生竞赛设计小组"新长征突击队"荣誉称号。5 月 5 日下午在我校礼堂召开命名大会，中共陕西省委书记周雅光出席了大会，并给竞赛小组授旗发奖。

1987 年 8 月底，我校建筑系建筑学 1983 级李建等 11 名学生，刚刚毕业走上工作岗位，母校就传来了令人振奋的祝贺——国际建筑师协会 8 月 18 日从伦敦发来贺信：在第 13 届国际大学生建筑设计竞赛中，他们在张缙学、张似赞两位老师的指导下提出的三个方案全部获奖，其中李建、何健、程帆、石晶荣获国际建协北欧分会奖，芦天寿、陈君、韩冬荣获国际建协澳大利亚分会奖，康建清、胡文荟、朱亦民、王懿荣获国际建协匈牙利分会奖。这届竞赛从 1985 年开始，在参赛的 28 个国家的数百名大学生提交的 67 个最佳设计方案中，有 13 个获奖，其中，我校李建、卢天涛、康建清等 11 人设计的西安金花村落方案、西安韩森寨七村方案和洛阳棉纺厂住宅区方案分别以"对适应居民不断文化需求的社区组织的细致分析、并对人类追求所作的深思熟虑的物质环境应答"、"从亲身体验和信赖居民出发，设想改变居住生活质量的良好建议"和"对一个工厂的工人住宅区改善生活质量问题的综合而系统的答案"等特点而获奖。

1990 年 7 月 6 日从加拿大蒙特利尔传来喜讯，曾在第 12、13 届"国际大学生建筑设计竞赛"中连续两次金榜题名的我校建筑系学生，又在第 14 届竞赛中一举夺魁，荣获最高奖——联合国教科文组织奖。本届竞赛的主题为"一座今日的住房——生活于联想记忆与期望之中"。其要求很高——参赛者提交的住房设计方案，既要能唤起人们对过去生存环境的联想，又要能满足人们对未来物质、精神生活的向往；还要表现参赛者自己所在国度、地区住房的"现时"功能特征；同时，参赛者设计的住房的空间质量与整体构成，还应考虑居住者的实际需要和理想追求，为其个人自我抒发留下充分的余地。我校建筑系岑兆璎、邓康、葛晓林、姜立军、田军、王文、袁东书、杨彤、杨晔等 9 名学生在李觉、刘辉亮的指导下，抱着为祖国争光的信念，不畏强手，应用所学的专业知识，在不影响正常学习的情况下，将本次竞赛与学习中的课程设计结合起来，以西安市柏树林三学巷老住宅区为选题对象，深入实际进行调查研究，请教专家、走访住户，仔细查阅国内外文献资料，经过 5 个月的辛勤努力，提交了一个名为"老邻里区中的一座今日三合院住房"的设计方案。这个方案既表现出我国传统大家庭的气氛，可唤起全体居民团结一致、同舟共济的情感，又表现出现代化家庭的生活环境，形成个人、家庭、近邻这三个层次的完整系统。经过来自加拿大、法国等不同国家的 8 位国际评委的严格评审，这个设计方案荣获本届国际竞赛的最高奖——"联合国教科文组织奖"。这也是我国大学生首次在这项全球最高规格的竞争中获得的最高荣誉。为此，国际建筑师协会本届大会协调主席克里斯蒂·塞伯格先生向我校致函祝贺。在加拿大蒙特利尔参加本届国际建协大会的我国代表团的建筑专家们得知我国大学生在国际上获得如此高的荣誉，都感到十分高兴。著名建筑学者、两院院士清华大学教授吴良镛专门给我校发来贺信，他说："国际建协授予你院师生联合国教科文组织奖时，我在蒙特利尔并看到你们的方案展览，为此欣慰不已。你们创造性地将中国建筑文化介绍给世界，赢得了国际声誉，为中国建筑师增光，谨向你们表示祝贺。"联合国教科文组织驻华代表泰勒博士专程来我校向获奖的大学生颁奖。1990 年 10 月 7 日，陕西省委副书记牟玲生、副省长孙达人等同志接见了我校获奖师生，副省长孙达人对九名获奖同学在本届国际大学生竞赛中所付出的努力给予高度赞赏，他说"你们的设计吸收了中国文化的优秀传统，同时能和现代生活环境结合起来，所以你们在世界上取得了好评，受到了奖励。这个方向是非常正确的，这个经验很好"。省委副书记牟玲生在接见会上也高兴地向获奖同学们祝贺，他说"你们取得了出类拔萃的成绩，这不仅是你们九个人的光荣，也为陕西的大学生争了光，为中国的大学生争了光，为你们的母校争了光"。

1993 年 7 月，在美国芝加哥，我校建筑系的大学生以自己的优秀作品再一次赢得了来自世界各地专家们的赞许，在第 15 届国际大学生建筑设计竞赛中，再次荣获第三名。本届竞赛的题目是"可持续发展的社区方案——构想探索"，这是一个与人类生存密切相关的主题，我校由艾洪波、陈健、戴军、邓向明、金晓曼、刘向东、马健、钱浩、桑红梅、叶蕾、张群、张彧、张潮辉、赵琳等 14 名同学组成的设计小组在王竹、李觉两位老师的指导下，保持和发扬了我校建筑系学生的传统优势，用辛勤汗水凝结成的优秀答卷在全世界 406 个参赛方案中名列第三。

连续四次在全球最高规格的国际大学生建筑设计竞赛中获奖，创造了这项赛事的一个奇迹。鉴于我校大学生的出色表现，受国际建协第 20 届大会科委会的委托，1999 年我校代表国际建协承担了第 17 届国际大学生建筑设计竞赛的出题、评选、组织和展览工作。由一所高校负责这项竞赛的全部工作也开创了这项全球最高规格大赛的先河。本届竞赛的题目是"二十一世纪的城市住区"，题目针对世纪之交人类居住环境日趋恶化的状况，围绕联合国《伊斯坦布尔宣言》关于改善人类居住环境质量这一主题，要求参赛的大学生们为二十一世纪可持续发展的城市住区而设计和构思。本届竞赛共收到全世界五大洲 56 个国家和地区共 466 个参赛方案，创下这项赛事最高纪录。我校由常海青、尤涛、朱城琪、陈景衡、白宁、徐淼、陈琦、史晓川、里锁、单延蓉、武岗、俞锋、谭琛琛、刘芹、武浩杰、郑冬铸、赵海东、刘航、钮冰、付小飞等 20 名同学组成的设计小组在肖莉、张似赞两位老师的精心指导下，以西安市正学街的旧住宅区为选题对象，深入实际进行调查研究，查阅了大量跨学科的文献资料，经过半年多的努力，提交了一个名为"在家里工作"的设计方案，这个方案以因特网的广泛应用为基础，为二十一世纪在家里工作的正学街居民提供了开放而宁静的居住环境，让远离拥挤和嘈杂的居民们在工作时靠近亲情友情，从而享受自由、自在、自为的生活方式。经过国际评委的认真评选，此方案获本届国际大学生建筑设计竞赛"优秀作品奖"。

2005 年 7 月，从土耳其伊斯坦布尔传来喜讯，一个与著名导演张艺谋执导的电影《一个都不能少》同名的建筑设计方案，从参赛的千余份方案中脱颖而出，勇夺第 19 届国际大学生建筑设计竞赛的第二名——日本建筑师学会奖。这个获奖方案是我校建筑学院陈敬、徐洋、王军、张磊、胡毅、袁志涛等 6 名学子在李军环、王健麟两位老师的精心指导下完成的。本届国际大学生建筑设计竞赛的主题为"极端——在特殊及极端条件下创造空间"，要求参赛者针对极端社会条件、极端自然条件等情况，设计一种能够满足人们日常工作、学习与生活需要并具有特定功能的建筑空间。本届竞赛共收到来自中国、美国、加拿大、日本、法国等国家和地区的千余份参赛方案，这也是该项赛事举办以来参赛方案数量最多的一届。我校建筑学院学生陈敬、徐洋、王军等 6 名同学组成的设计小组在李军环、王健麟两位老师的精心指导下，紧紧围绕本届竞赛的要求，充分借鉴学校多年来的科研成果，将目光投向了窑洞这一传统而又极具生命力的建筑形式。据统计，在我国北方地区，目前仍有约 4000 万人居住于这种传统民居中。设计小组通过深入到陕北窑居地区调查研究，最终将延安市宝塔山区青化砭镇某贫困窑居村落作为选题对象，以"极端贫困条件下儿童教育环境建构"为主题展开了精心设计，最终完成了名为"一个都不能少"的建筑设计方案。设计方案以我国西北特困地区为特殊环境和极端条件，有效地利用了当地传统窑洞低成本、低能耗等优点，巧妙地解决了传统窑洞通风差、采光差等缺点，为当地儿童设计了一种结构简单、坚固耐用、成本低廉、便于推广的新型窑洞校舍。经过由国际著名建筑大师组成的评委会的严格评审，我校学子的参赛方案最终荣获第 19 届国际大学生建筑设计竞赛第二名——日本建筑师学会奖。

将这些曾为我校赢得荣光的师生们一一列出，其根本意义在于用他们的事迹和精神激励建大人在新的征程中奋发图强，以更大的成绩为中国争光，为建大争光。由于我们的视野局限，肯定还有一些曾在国际大赛中为我校争得荣誉的学子的风采无法在本文中一一展现，但岁月有痕，你们的风采在每个建大人的心里。（记者子辰）

——摘自《称雄国际赛场——我校大学生参加国际竞赛追述》，西安建大报（电子版）

第 771–774 期 ，2007 年 6 月 6 日

国际建筑师协会（UIA）大学生建筑设计竞赛获奖作品集（1984-2017）

指导教师评价

国际建筑师协会（UIA）大学生建筑设计竞赛获奖作品集（1984—2017）

我院建筑 86 级学生

获第 14 届国际建筑大学生设计竞赛首奖评价

张似赞（节选）

学生参加国际建协组织的这项国际竞赛活动，是一个十分有益的学习机会。从参加这几届的竞赛可知，国际建协所主持的这种竞赛，其主题都属建筑领域中带有广泛性的现实问题，即具有国计民生意义的居住区和住宅房屋的规划设计，命题都反映了建筑理论发展中带有方向性的总趋向。

18 世纪下半叶的产业革命，引起西方社会发生了重大变革，在探求适应这种变革所需求的现代主义建筑，至 20 世纪二三十年代达到高潮。在获得社会的公认和广泛的传播中，人们往往更多注意的是：适应当时城市恶性膨胀加之战争破坏而出现的严重房荒，需要经济而大量地建房来满足迫切的需求，这种属于应急的设计指导思想，必然导致忽视现代主义建筑不可能全面、深入考虑满足人们对居住环境的多种多样的需求，特别是精神上的和情趣上的需求。第二次世界大战后，当现代建筑在世界范围广泛传播时，人们根据经济的腾飞和技术的进步，对建筑就提出了更高的要求，并逐渐觉察到以往现代主义建筑的不足，在建筑思潮上开始出现各种新的探索。国际建协对建筑学大学生所作竞赛的命题，始终把握着这一总的趋势。1983 至 1984 年的竞赛题目是：《建筑师促成居住者进行住宅规划与设计》，该题旨反映了下述趋向：承认建筑物的使用者比建筑师更充分掌握对建筑物的要求，要改变沿袭已久的那种设计者脱离居住者的状态（住房由建筑师设计，居住者只有接受使用的权利），提倡建筑师把通俗化的专业知识交给住户，协助和促进他们进行规划设计，以创造出真正适应居民切实需求的居住环境。实际上，该命题就是探求解决这一问题的方法，建筑规划设计则是这一方法的体现与验证。

1986 至 1987 年的第 13 届竞赛继续贯彻了这一题旨，并进一步提高了要求。参赛的学生被要求选择自己居住的环境来进行改建规划设计。在竞赛的题目中说："只有各居住区本身才能了解其存在问题的真正实质，应当鼓励居民自己去寻求解决的办法。而你就是这样一个居住区中的一员；又正是你具备这种能力可以去观察、分析和采取行动。我们认为现行的国际政策，其解决办法是强加于人的，对于分析问题也过于简单化，因此是不能满足它想要帮助的人们的切实所需。"

1989 至 1990 年的第 14 届竞赛题又揭开了新的一页，主题是要求设计《一所含有回忆与期望的居住生活环境的今日之住宅》。由此可以体会到，这是进一步点明了现代建筑在当时的不足，当时主要注意力是集中解决应急建筑最起码的需求，仅考虑为人们提供必不可少的合乎卫生的居住环境，例如：良好的采光、通风和房屋间的日照间距，以及探求尽可能经济而快速的建筑技术。当时的现代主义建筑设计是无暇顾及诸如：人类家庭生活中充满感情的色彩，世代相传的生活情趣，邻里间有人情味的交往和互助等，其对居住空间环境设计的需求，以及要为人类向往更美好居住环境的不断追求而留有余地等问题。因此，参加此项设计竞赛的理论意义在于它能吸引学生去关注、探究和把握建筑理论发展中的这些新动向。

国际建协对竞赛的命题，不但指出了当代世界建筑发展的总趋向，而且能够引导青年学生去深入实际，认识和解决建筑必须完成的社会任务。这几届竞赛题目都要求参赛学生在自己的国家、地区中去选定规划设计的地点，就充分反映了这个指导思想。我们的学生通过深入实际，才对居民的生活环境有了比较真切的了解。获奖学生中的杨晔同学说："见到西安市旧居住区中，不少居民的居住条件是那样差，真的牵动着自己的心；我们国家还有这样艰巨的住宅问题需要解决，使我深深感到我们未来建筑师所肩负的重大社会责任"。学生们走到居民中去，与他们交往、谈心，帮助他们解决居住环境改善中的问题，这些活动不但为设计竞赛方案找到了切实的依据，而且增强了作为建筑师的社会责任感，促进他们更加勤奋地去学习钻研，提高自己，报效祖国。这是建筑教育上一个极好的环节，使学生能通过切实具体的规划和设计课题，不但在理论和业务技术上有所收获，而且在思想品质和职业道德方面也得到锻炼和提高。

当然，大学生所面临的问题是多方面的，本文仅着重谈到建筑设计工作中建筑师与使用者的关系，以及理论与实际的关系等；再者，设计竞赛向学生们提出对建造体系（Building system）的理解问题，同样可以从现代主义建筑发展的历程中找到答案；材料、结构和施工方法的选择，应该与社会、文化背景有着密切的联系，而不是把现代主义理解为放之四海皆准的、可以普遍采用钢铁、玻璃和钢筋混凝土的国际建筑。

其次，建筑师不但要解决好与居住者的协同工作问题，还要重视和利用社会的和文化的力量。对这些问题的认识和解决，对于设计中克服千篇一律、探求真正切合当地居民迫切需求的、民族的、地方的建筑等，都是至关重要的。

上述若干问题是不可能在本短文中一一加以剖析，只期望今后能有更多机会，有更多学生能参加这种国际的设计竞赛，在竞赛中得到更多的学习、锻炼和提高，并预祝我国建筑学的学生们能取得更好的成绩。

——《西安冶金建筑学院学报》（自然科学版），1990,10

国际建筑师协会（UIA）大学生建筑设计竞赛获奖作品集（1984-2017）

获奖作品及相关介绍

AWARD-WINNING WORKS AND RELATED INTRODUCTION

XI'AN UNIVERSITY OF ARCHITECTURE AND TECHNOLOGY

- 2017年
- 2014年
- 2011年
- 2008年
- 2005年
- 1999年
- 1993年
- 1990年
- 1987年
- 1984年

1984 年——建筑师促成居住者进行住宅规划与设计

The Architect as an Enabler of User House Planning and Design

国际建协叙利亚建筑界奖

竞赛概况

西安冶金建筑学院建筑学大学生在 1984 年国际设计竞赛中获奖

参加这次竞赛活动的有 44 个国家，共提交了 186 个方案。国际评委会从中评选出 22 个获奖方案和 11 个鼓励奖方案。

西安冶金建筑学院建筑系建筑学 79 级 13 名同学所提交的三个方案：《促成城市旧区居住者改建住宅规划和设计的方法与实例》《促成中小城镇新区居住者对住宅规划和设计的方法与实例》《促成农村窑洞居住者对窑居规划和设计的方法与实例》，作为一个整体（units）名列第三，获得特殊优厚的"叙利亚建筑界奖"。获奖者被邀请参加 1985 年元月在埃及开罗召开的"国际建协第十五届国际会议"，会上将颁发奖金和奖品及展出得奖方案，并进行以"建筑师当前和今后的使命"为题的专题讨论。

国际评委会主席约翰·F·C·特纳对我国的获奖方案作了如下评价（摘要）：

评委会对西安冶金建筑学院提交的三个方案印象特别深刻。感到这三个方案应当看作是一个整体，因为他们各探讨了相互补充的情况：市内居住邻里的改造、新居住区的建设和农村条件下的建设。评委会认为他们设计出来的发动居民参加的方法步骤特别细致详尽，以及对利用改造传统住宅形式以适应当前条件的建议所具有的文化上和建筑艺术上的敏感性都印象深刻。

这次国际竞赛得到了学院和建筑系领导的重视和支持，并根据国际建协的建议把这次竞赛纳入毕业设计的教学计划中。在这次竞赛中充分发挥了集体的智慧和力量，并与广大居民群众和当地政府、专业机构紧密结合，是一次"真刀真枪"的、理论联系实际的、走出校门同使用者广泛协作的设计竞赛。

在竞赛过程中，得到了西安市房地二分局、西安北院门化觉巷居委会、南阳市城建局、陕西乾县乾陵公社马家坡大队等单位的大力支持。

——高青，《建筑学报》1984 年第 5 期

获奖通知

国际建筑师协会（UIA）大学生建筑设计竞赛获奖作品集（1984–2017）

uia Union Internationale des Architectes
International Union of Architects

Le Secrétaire Général
51, rue Raynouard - 75016 PARIS

C/004

Mr. Wang RUN
President
Xian Institute of Metallurgy &
Construction Engineering

XIAN
Shaanxi Province
(Rép. Pop. de Chine)

Paris, 16 January 1984

Dear Sir,

The International Union of Architects is pleased to inform you of the results of the 1°.4 International Competition for Students of Architecture on the theme "The Architect as an Enabler of User House Planning and Design", as published in its monthly bulletin, a copy of which you will find enclosed.

186 projects were received from Schools of Architecture from 44 different countries, and the members of the international jury were impressed with the high overall standard of the projects submitted. We would like to thank you most sincerely for your participation in the competition and encourage you to submit entries to future competitions. Details of the follow-up events to the competition are given in the Jury Report enclosed within, and we hope that representatives of your own School will be able to view the results at the Exhibition to be held within the context of the Union's XVth World Congress in Cairo - January 1985 - (details of which you will find in the brochure enclosed).

It is to be hoped that an even greater number of students and schools will participate in future competitions, details of which will be sent to you in good time. In the meantime, please do not hesitate to contact us for any further information that you might require.

Yours faithfully,

Michel LANTHONIE, arch.
Town-Planner in Chief for the
French State
Secretary General of the UIA.

Téléphone : 524.36.88   Adresse télégraphique : UNIARCH

PALMARES DE LA XIIème CONFRONTATION

NOM DES ETUDIANTS	ECOLE	PAYS	PRIX DECERNE
D. CLOMER, E. FLEHR, R. FLEHR, G. LIENDO, F. SORIA	CENTRO EXPERIMENTAL DE LA VIVIENDA ECONOMICA	Argentine	Prix UNESCO
D. KRUPA, M. ONADOWICZ, P. SZAROSZYK, T. KWIECINSKI	POLITECHNIKA WARSZAWSKA	Pologne	Prix Kenzo Tange (Japon)
WANG YAO, CHEN YONG, ZHOU QING-HUA, SUN XI-JING, GAO QING, ZHANG XIN-YUE, CHEN YI, WU TIAN-YOU, TANG HE, WANG QI, LI TANG-XING, CHEN ZHONG-SHI, NIE GANG	XIAN INSTITUTE OF METAL-LURGY & CONSTR. ENGIN.	Chine	Ordre des architectes Syriens
J.B.P. CAHUHUNGAN, A.B. DOCTOLERO, M.R. MENCUITO, V.A. CILLEGO, E. TAN	UNIVERSITY OF SANTO TOMAS	Philippines	Institute of South African Architects
(Noms des étudiants non précisés)	KING MONGKUTS INSTITUTE OF TECHNOLOGY	Thaïlande	Prix du Président de l'AIA
E. ADOMONIS	ECOLE DES BEAUX ARTS DE LA R.S.S. DE LITUANIE	U.R.S.S	Royal Architectural Inst. of Canada
S. ALMEIDA LENERO, J. M. BILBAO RODRIGUEZ, D. ESCALONA SOLA, R. ESPARZA RAZO, R. LORA CHACON, J.L. LEE MAJERA, F. MARTINEZ CARRANZA, O. MUNOZ PEREZ, R. MUNOS PEREZ, E. OCAMPO TELLEZ, G. RAMIREZ SANDOVAL, M. ROSALES ALVAR, L. SALINAS SALGADO	UNIVERSIDAD NACIONAL AUTONOMA DE MEXICO	Mexique	Direction de l'Architecture (France)
J. ARNOLD, F. DIETZSCH, J. GRAFENMAHN	HOCHSCHULE FUR ARCHITEKTUR UND BAUWESEN - WEIMAR	R.D.A.	Section Tchécoslovaque (Bourse)
E.R. SOMMER, F JASINSKI	HOCHSCHULE FUR ARCHITEKTUR UND BAUWESEN - WEIMAR	(R.D.A)	Section Tchecoslovaque (Bourse)
A. M. SANCHEZ, J.L. GOMEZ PEREZ, L. A. PAVON CAMPOS, M. DIAZ L., M.ORTIZ LOPEZ	UNIVERSIDAD NACIONAL AUTONOMA DE MEXICO	Mexique	Royal Institute of British Architects
B. MESIAS, J.L. MORALES	I.S.P.J.A.E.	Cuba	Section Espagnole (Bourse)
F. BUENO, D. CALATAYUD	UNIVERSIDAD POLITECNICA DE BARCELONA	Espagne	B.D.A. (N.F.A) Bourse)
E. KALLIS, E. KILPIO, M. KIVILUOTO, H. KUUSEMEN-KAMUNE, P. REKULA	HELSINKI UNIVERSITY OF TECHNOLOGY	Finlande	Académie d'Architecture (Bourse)
G. GREENWOOD, A. KELLOCK, F. MACNAMARA	NORTH EAST LONDON POLY.	Royaume-Uni	Section Soviétique (Bourse)
E. BENEDER, J. DURRHAMMER, F. FEDERSPIEL, A. HECKMANN, M. RANZI	TECHNISCHE UNIVERSITAT WIEN	Autriche	Conseil Régional Ile de France
M. BLAIECH, W. ELEUCH, S. FILALI, F. KOUDRED, N. EL WATI, M. MEZGHANI	INSTITUT TECH. D'ARTS, D'ARCH. & D'URBANISME	Tunisie	Hong Kong Institute of Architects
A. ABACHIDZE, I. VATCHEICHVILI, D. MAMATSACHVILI, R. OGANESSIAN	ECOLE DES BEAUX ARTS DE TBILISI	U.R.S.S.	Conseil National de l'Ordre des Architectes Français
S. RICHTER,	UNIVERSITE TECHNIQUE BRNO	Tchecoslovaquie	Section hongroise (Bourse)
S. ERO, F. M. ABDOU	ECOLE AFRICAINE & MAURI-TIENNE D'ARCH. & D'URB.	Togo	UNCHS (Nairobi)
(noms des étudiants non précisés)	KING ABDUL AZIZ UNIVERSITY	Arabie Saoudite	Irelande (RAIA)
D. YEO	UNIVERSITY OF NATAL	Afrique du Sud	Royal Australian Inst. of Architects
(noms des étudiants non précisés)	ADDIS ABABA UNIVERSITY	Ethiopie	Médaille du Conseil de l'Europe

MENTIONS SPECIALES DECERNEES PAR LE JURY

Les projets N°49 (Unité Pédagogique d'Architecture N°6 - FRANCE) et 113 (Ecole Polytechnique de Belorussie - U.S.S.R.), ainsi que le N°74 (University of Hong Kong - HONG KONG) et N°123 (Ecole d'Architecture de Moscou - U.S.S.R.) ont proposé des solutions créatives et des propositions techniques intéressantes et innovantes.

La réhabilitation était un thème particulièrement délicat à traiter. Le Jury a mentionné deux projets qui illustrent ce thème : le projet N° 124 (Ecole Polytechnique de RIGA - U.S.S.R.) et N°170 (Université technique de BUDAPEST-Hongrie).

Le projet N°164 (Faculté "Farias Brito - Brésil) et N° 121 (Ecole d'Architecture de MOSCOU- U.R.S.S.) démontrent l'excellence d'un enseignement . Le projet N° 135 (Université de SYDNEY - Australie) à choisi une situation particulièrement difficile. Le N° 133 (Universidad Autonoma Metropolitana - MEXICO) a tenté de développer et d'utiliser une technologie appropriée.

获奖师生合影

照片中从左到右依次是：

后排－
王琦、陈忠实、陈勇、吴天佑、张缙学（老师）、佟裕哲（老师）、侯继尧（老师）、高青、聂刚、周庆华、孙西京、唐和
前排－
张新悦、陈漪、王瑶、李唐兴

竞赛指导老师

佟裕哲教授

张缙学教授

侯继尧教授

竞赛指导顾问团

汤道烈教授

张似赞教授

李觉教授

（按姓氏笔画排序）

国际建筑师协会（UIA）大学生建筑设计竞赛获奖作品集（1984～2017）

获奖方案简介

西安冶金建筑学院

(Xian yejin jianzhu xueyuan)

Xian Institute of Metallurgy and Construction Engineering

Xian, Shaanxi Province, The People's Republic of China

AN INTRODUCTION TO OUR PROJECTS --- Methods and examples enabling residents to: 1) rehabilitate old residential districts in big cities; 2) build up new districts in middle and small towns; and 3) build in rural areas in China.

Our country, P.R.C., is endeavouring hard on the way of resolving housing and environmental problems. The theme of this competition is in favour of our endeavour.

China has a famous slogan: BELIEVE IN THE MASSES, RELY ON THE MASSES, MOBILIZE THE MASSES, AND ORGANIZE THE MASSES. This has become our prime philosophy and is reflected in our methods. The main thoughts of the methods are: We are aware of the residents' experiences in everyday life which architects can hardly possess, and are aware of the aspiration and potentialities in housing design latent in the residents. And we also are aware of their lack of professional training. So the core of the methods is to kindle their potentialities and let them imbued with the architects' professional knowledge. We have sought and created some forms (symbols, schemes or diagrams) and processes of utilizing these forms, which are accessible to the residents, liable to bring their potentialities into play, and which are incorporated with necessary professional knowledge and all the influencing factors of design. These forms and processes also becomes means of communication between us student-architects and the residents, as well as a means to organize the design. We then presented them to the actual residents. These are shown in our presentations.

As can be seen from our methods and examples, China's traditional inclination on cherishing neighbourliness and her social energy in cultivating civilized identity are being observed. We think that are indispensable when residents are planning their own neighbourhood environments by themselves.

Team of the International Student Competition from Xian Institute of Metallurgy and Construction Engineering: WANG QI, WANG YAO(F), SUN XI-JING, WU TIAN-YOU, LI TANG-XING, ZHANG XIN-YUE(F), ZHOU QING-HUA, CHEN ZHONG-SHI, CHEN YONG, CHEN YI(F), NIE GANG, TANG HE, GAO QING.

促成中国城市旧居住区、中小城镇新区及农村居住者进行住宅规划与设计的方法与实例

当前，我国正在努力探求更加有效地解决住宅问题的各种途径。这次竞赛的题目与我们的这种努力是一致的。

新中国有句名言：相信群众、依靠群众、发动群众、组织群众。这是我们的主导思想，并反映在方法设计的要点里，这些要点是：完全意识到居住者具有建筑师不易具备的生活体验和进行设计的愿望及潜力，但他们又缺乏专业知识，因此，激发居住者的潜力，并把建筑师的专业技能融汇进去，就成为方法设计的核心。正如版面所显示的那样，为表达那些使居住者易于接受的、便于发挥其潜力的、凝缩着必要专业知识和影响设计诸多因素的、并能用来作为交流信息、组织设计的内容，我们寻求和创作了这些表达形式和运用这些形式的程序，并使之与真正的居住者见面。

另外，在我们所作的方法与实例中，充分考虑了中国历来重视邻里关系的传统力量和尊重精神文明的现实社会力量，并认为这在居住者们自行规划邻里环境时是必须遵循的。

西安冶金建筑学院
建筑学大学生国际竞赛小组

附名单：（以姓氏笔划为序）

王 琦	王 瑶（女）	孙西京
吴天佑	李唐兴	张新悦（女）
周庆华	陈忠实	陈 勇
陈 漪（女）	聂 刚	唐 和
高 青		

获奖方案简介

目前，在发展中国家里，普遍存在着房荒问题。各国在政府努力的同时，也鼓励居住者自己建房。在发达国家，由于人们对建筑师的设计不满意，而使得一些住房建起后遭到冷落，人们希望自己能参与到设计之中——从整体规划布局到局部装饰，这与当今"公众参与"的思潮是一致的。这一思潮渗透到社会生活的各个领域，在建筑界就更是如此。毫无疑问，这种情况在发展中国家也同样存在。于是，建筑师便得到这样一个新的课题：如何让居住者参与设计。正是在这一背景下，国际建筑师协会（UIA）于1984年举办了题为《建筑师促成居住者进行住宅规划与设计》的国际大学生竞赛。显然，这样的题目对我国当前的住宅建设也是有积极意义的。题目共含三项内容：①方法的设计，即设计出一个居住者能够参与设计的方法；②运用这一方法所做的实例（包括邻里单元规划及住宅设计）；③做一个指定题目的副题。

居住者究竟怎样参与设计？建筑师的作用又如何？我们认为，首先应该承认居住者具有强烈的愿望和极大的潜力。由于丰富的生活体验，由于不同的职业、年龄、爱好、文化程度及家庭构成等，他们对住房的要求富有个性，他们不但清楚，怎样的房屋对于自己是合理的，而且能够千方百计地设法获得这种空间。但是，对于这种潜在的能力，即便居住者自己也未必能充分认识到，特别是由于专业知识的缺乏，成了他们参与设计的障碍。因此，如何激发居住者的潜力，并把建筑师的专业技能融汇进去，使二者得以有效地结合，就成为方案设计的核心。我们把这一思想充分体现在方法设计和实例设计中，把那些使居住者易于接受的，便于发挥其潜力的，凝缩着必要专业知识和影响设计诸多因素的以及那些能用来作为交流信息、组织设计的有关内容，通过一定的形式和程序表达出来，以此来建立同居住者的联系。在这一过程中，我们还充分考虑中国历来重视邻里关系、尊重精神文明的现实社会力量对环境规划的影响。

以上是我们构思的主要点。在这一总的构思指导下，我们共完成了三个方案，即"促成城市旧区居住者住宅改建与规划"（以西安北院门旧区为例），"促成中小城镇新区居住者住宅规划与设计"（以河南南阳市新居住区为例），"促成农村窑洞居住者窑居规划与设计"（以陕西乾县为例）。各方案根据不同特点，完成了题目所要求的三项内容，并在不同程度上与居住者进行了实际合作。

评委会认为设计者提出的发动居民参加设计的方法步骤特别细致详尽，对改造利用传统住宅形式以适应当前条件的建议，具有文化上和建筑技术上的敏感性。

——周庆华，《世界建筑》1987 年 02 期

"促成城市旧区区居住者住宅建与规划" ——西安北院门化觉巷旧区居民民居住宅及住宅区改建方案（图纸 1）

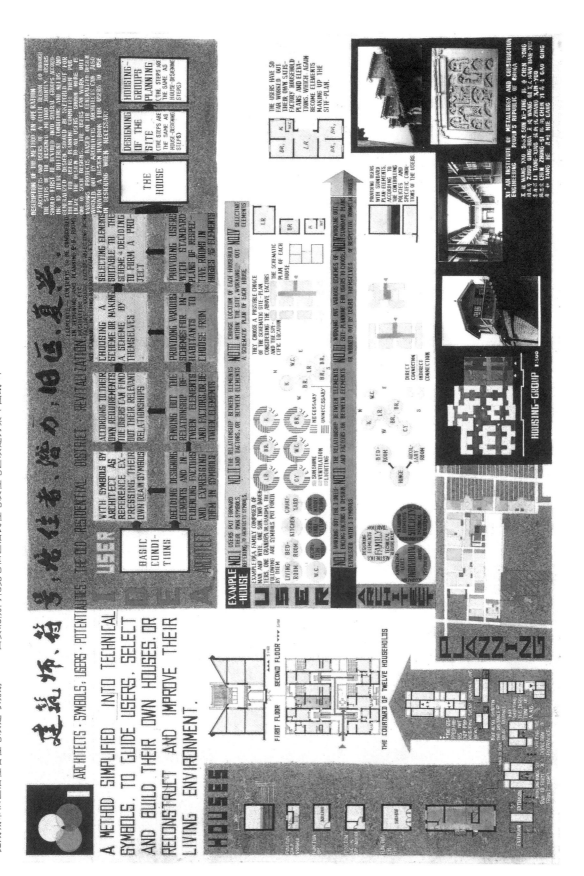

"促成城市旧区居住者住宅改建与规划" ——西安北院门化觉巷旧区居民住宅及住宅区改建方案（图纸2）

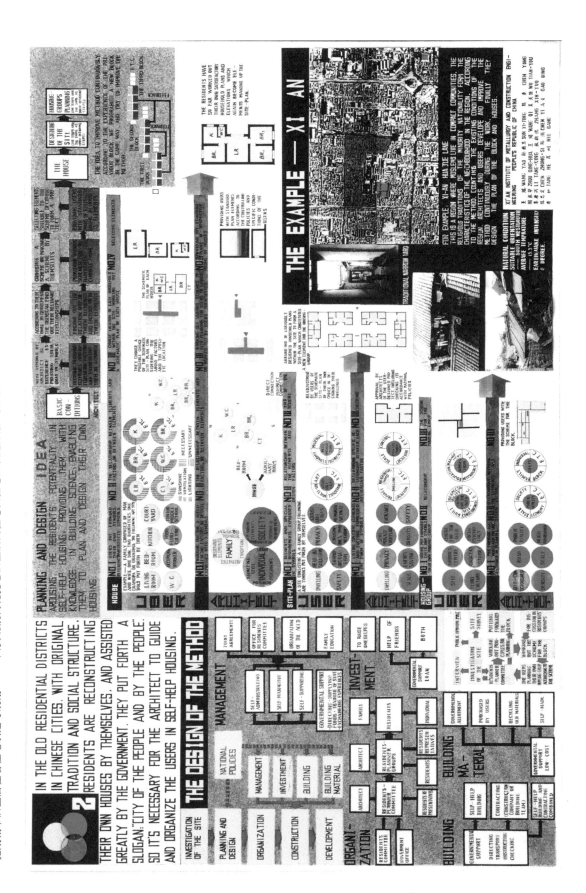

BIRD'S EYE VIEW OF PLANNING
PROJECT (1983 - 1995)

HOUSES

APPLICATION OF THE METHOD
IN HOUSING DESIGN — VARIA-
TIONS OF HOUSING PROJECTS DE-
SIGNED BY STUDENT - ARCHITECTS
TOGETHER WITH RESIDENTS.

TRADITIONAL STYLE

▲▲▲ THE ENTRANCE OF THE NEW
COURTYARD.

◄◄◄ SECTION S 1:100
THE TRADITIONAL MOTIFS.

◄◄◄ BIRD'S EYE VIEW OF THE NEW
COURTYARD.

VARIATIONS OF HOUSE PROJECTS
TO SUIT DIFFERENT USERS.

FIRST FLOOR
SECOND FLOOR
THE COURTYARD OF TWELVE HOUSE-
HOLDS

FIRST FLOOR
FIRST FLOOR
SECOND FLOOR
FIRST FLOOR

SECTION S 1:5

SECTION S
SECTION S

TRADITIONAL COURTYARD

HOUSING GROUP S 1:500

A TYPICAL EXAMPLE
ACCORDING TO THE
METHODS

XI' AN INSTITUTE OF METALLURGY AND CONSTRUCTION
ENGINEERING XI-AN SHAAN-XI PROVINCE
PEOPLE'S REPUBLIC OF CHINA

SITE PLAN

"促成城市旧区居住者住宅改建与规划" ——西安北院门化觉巷旧区居民住宅及住宅区改建方案（图纸4）

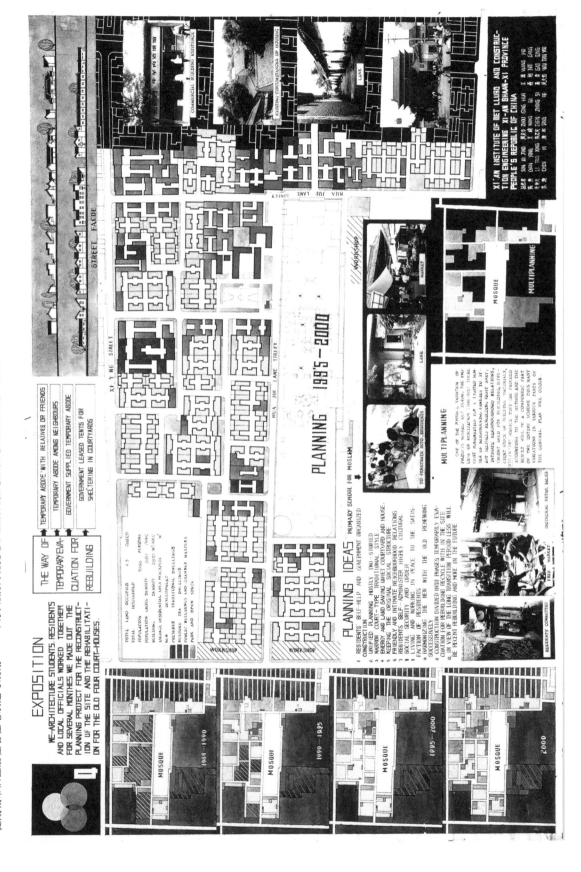

"促成城市旧区居住者住宅改建与规划" ——西安北院门觉巷旧区居民住宅及住宅区改建方案（图纸5）

国际建筑师协会（UIA）大学生建筑设计竞赛获奖作品集（1984—2017）

"促成中小城镇新区居住者住宅规划与设计" ——河南南阳市新居住区方案（图纸1）

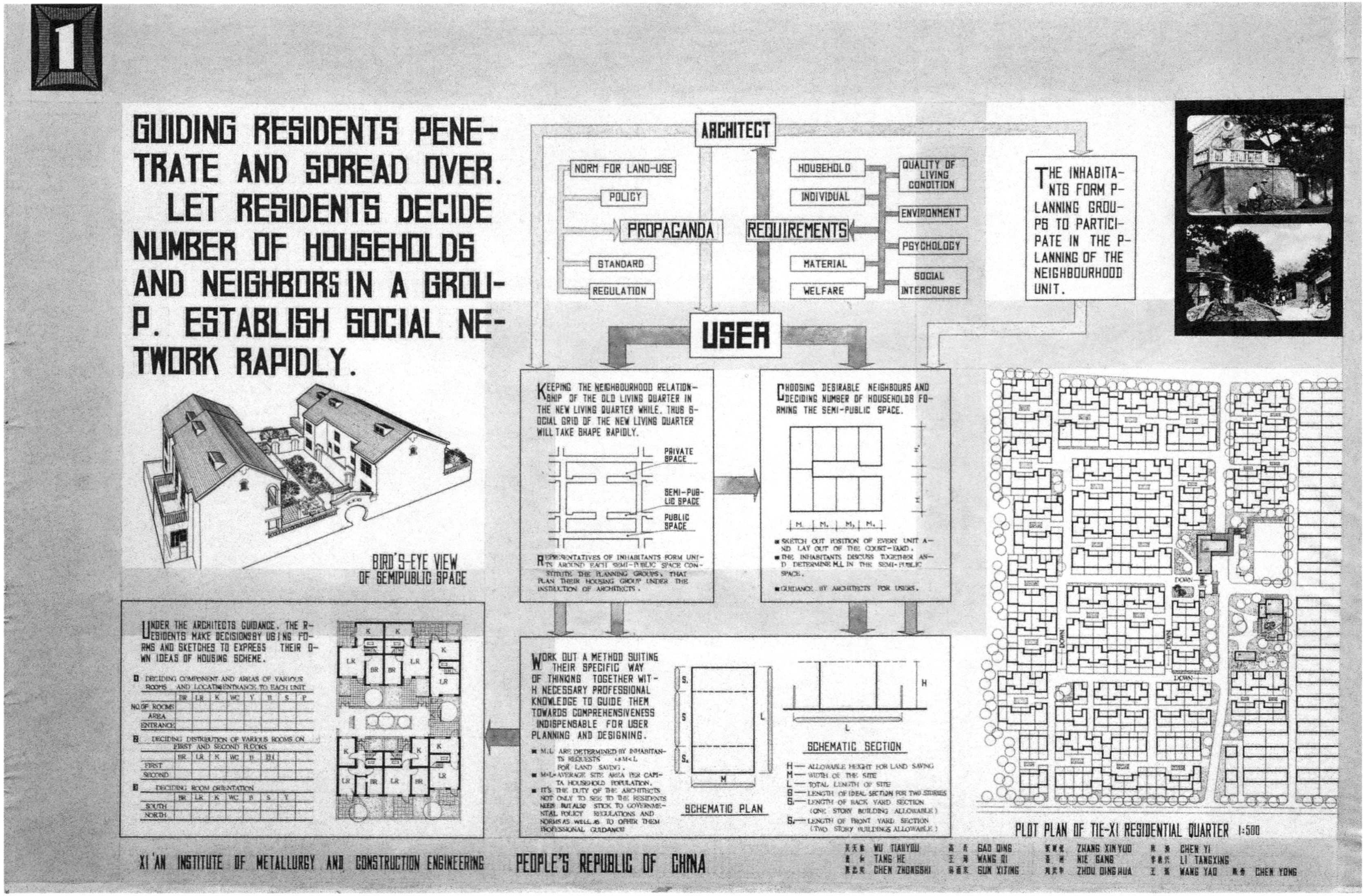

GUIDING RESIDENTS PENE-
TRATE AND SPREAD OVER.
LET RESIDENTS DECIDE
NUMBER OF HOUSEHOLDS
AND NEIGHBORS IN A GROU-
P. ESTABLISH SOCIAL NE-
TWORK RAPIDLY.

BIRD'S-EYE VIEW
OF SEMIPUBLIC SPACE

ARCHITECT

PROPAGANDA

USER

REQUIREMENTS

QUALITY OF LIVING CONDITION
ENVIRONMENT
PSYCHOLOGY
SOCIAL INTERCOURSE

HOUSEHOLD
INDIVIDUAL
MATERIAL
WELFARE

NORM FOR LAND-USE
POLICY
STANDARD
REGULATION

THE INHABITA-
NTS FORM P-
LANNING GROU-
PS TO PARTICI-
PATE IN THE P-
LANNING OF THE
NEIGHBOURHOOD
UNIT.

CHOOSING DESIRABLE NEIGHBOURS AND
DECIDING NUMBER OF HOUSEHOLDS FO-
RMING THE SEMI-PUBLIC SPACE.

KEEPING THE NEIGHBOURHOOD RELATION-
SHIP OF THE OLD LIVING QUARTER IN
THE NEW LIVING QUARTER WHILE. THUS B-
LOCAL GRID OF THE NEW LIVING QUARTER
WILL TAKE SHAPE RAPIDLY.

PRIVATE
SPACE
SEMI-PUB-
LIC SPACE
PUBLIC
SPACE

WORK OUT A METHOD SUITING
THEIR SPECIFIC WAY
OF THINKING TOGETHER WIT-
H NECESSARY PROFESSIONAL
KNOWLEDGE TO GUIDE THEM
TOWARDS COMPREHENSIVENESS
INDISPENSABLE FOR USER
PLANNING AND DESIGNING.

SCHEMATIC SECTION

SCHEMATIC PLAN

UNDER THE ARCHITECTS GUIDANCE, THE R-
ESIDENTS MAKE DECISIONS BY USING FO-
RMS AND SKETCHES TO EXPRESS THEIR O-
WN IDEAS OF HOUSING SCHEME.

PLOT PLAN OF TIE-XI RESIDENTIAL QUARTER 1:500

XI'AN INSTITUTE OF METALLURGY AND CONSTRUCTION ENGINEERING

PEOPLE'S REPUBLIC OF CHINA

"促成中小城镇新区居住者住宅规划与设计" ——河南南阳市新居住区方案（图纸 2）

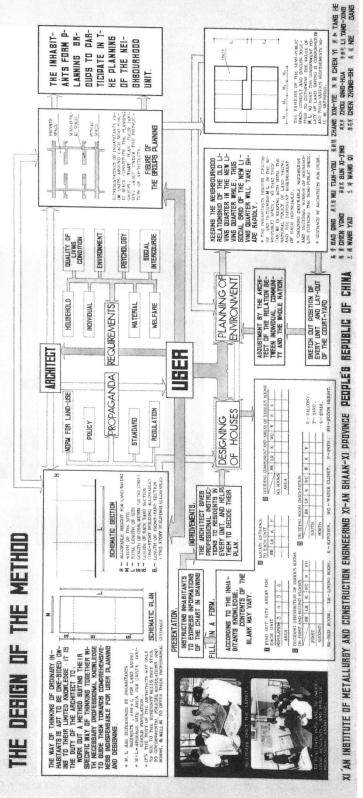

"促成中小城镇新区居住者住宅规划与设计" ——河南南阳市新居住区方案（图纸3）

PLOT PLAN OF TIE-XI RESIDENTIAL QUARTER 1:500

PLANNING SITE PICTURE OF TIE-XI RESIDENTIAL QUARTER

BIRD'S-EYE VIEW OF TIE-XI RESIDENTIAL QUARTER

DURING THIS PROCESS, IT ENABLES THE RESIDENTS TO PLAN AND DESIGN THEIR OWN DWELLINGS AND THEIR GROUP, AND IT PROVIDES THE POSSIBILITY TO RECONSTRUCT THE OLD TOWN AS WELL.

EXISTING DENSITY AND STRUCTURE

EVALUATION

FUTURE DENSITY AND STRUCTURE

SITE PLANNING FOR EXTENSION

EXISTING CONDITION OF THE SITE

THE MAP OF NAN-YANG

THE SITE PICTURE OF NANYANG OLD BLOCK

A BRIEF ACCOUNT OF NAN-YANG

SINCE 400 BC, NAN-YANG WAS AN ANCIENT CITY WITH PROSPEROUS METALLURGY AND COMMERCE. NOW NAN-YANG IS THE POLITICAL, ECONOMICAL, AND CULTURAL CENTRE OF SOUTHWESTERN HE-NAN PROVINCE. A CITY OF MEDIUM SIZE MAJORING IN TEXTILE AND MACHINE BUILDING.

XI'AN INSTITUTE OF METALLURGY AND CONSTRUCTION ENGINEERING

PEOPLE'S REPUBLIC OF CHINA

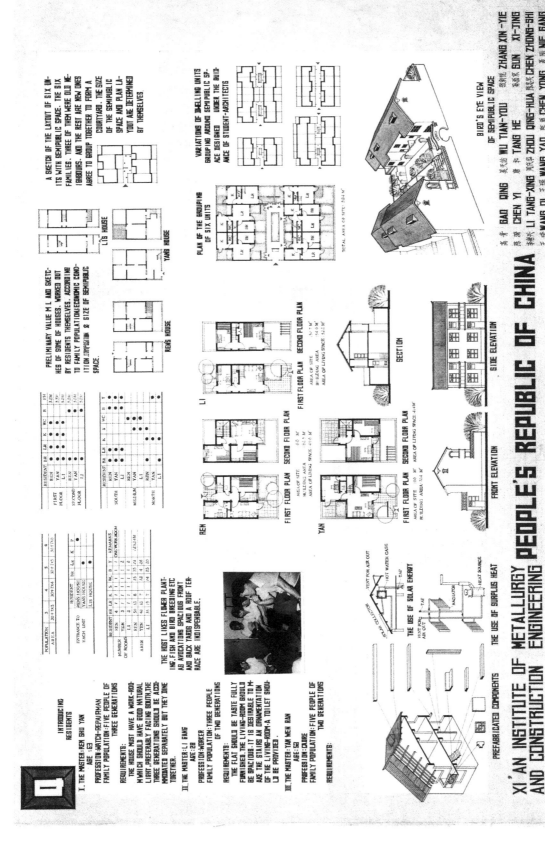

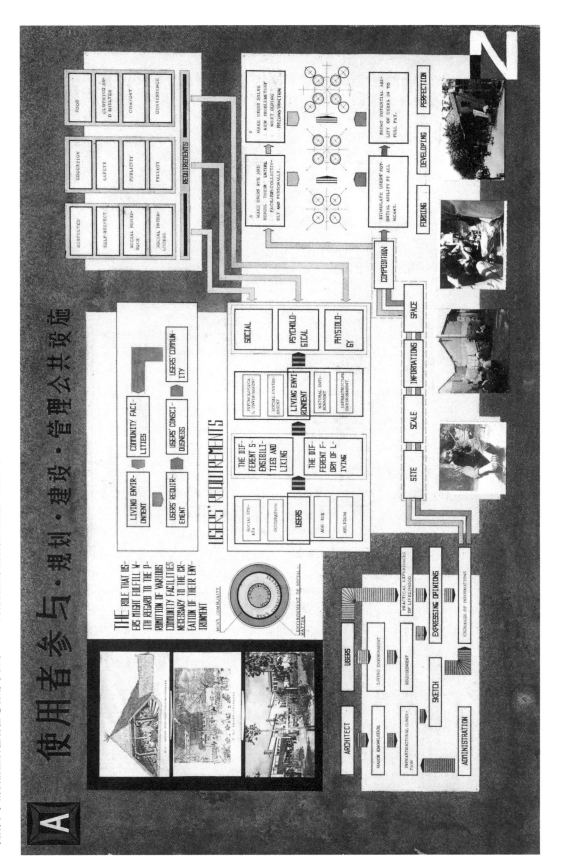

国际建筑师协会（UIA）大学生建筑设计竞赛获奖作品集（1984-2017）

"促成中小城镇新区居住者住宅规划与设计" ——河南南阳市新居住区方案（图纸5）

"促成中小城镇新区居住者住宅规划与设计" ——河南南阳市新居住区方案（图纸6）

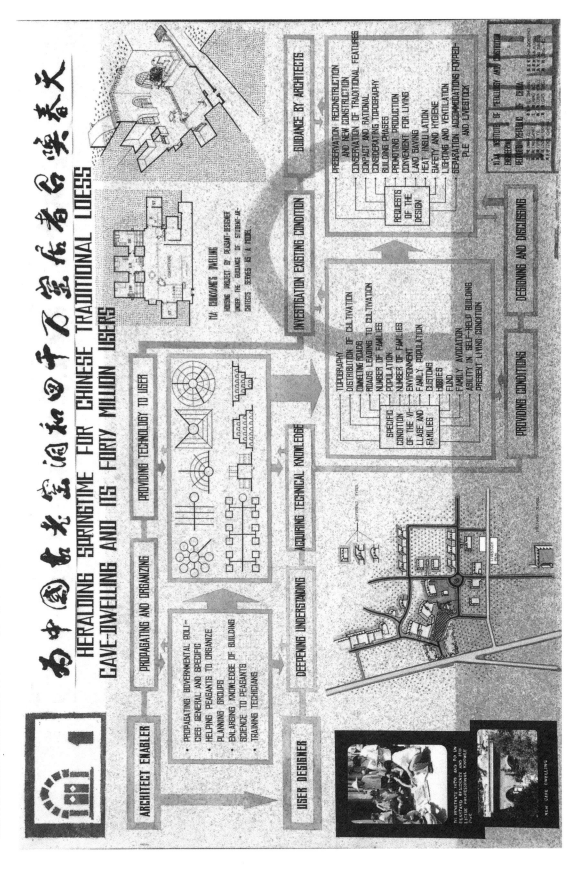

为中国的龙窑涧和四千万窑居在者的春天

HERALDING SPRINGTIME FOR CHINESE TRADITIONAL LOESS
CAVE-DWELLING AND ITS FORTY MILLION USERS

"促成农村窑洞居住者窑居规划与设计" ——陕西乾县新武窑洞方案（图纸 1）

国际建筑师协会（UIA）大学生建筑设计竞赛获奖作品集（1984－2017）

"促成农村窑洞居住者宜居规划与设计" ——陕西乾县新式窑洞方案（图纸2）

"促成农村窑洞住者居规划与设计" ——陕西乾县新式窑洞方案（图纸 3）

DESIGN AND TECHNOLOGY FOR CAVE DWELLING

3

BIRD'S EYE VIEW

KINDERGARTEN

PUBLIC BUILDING

PLANNING OF VILLAGE 1:600

XI AN INSTITUTE OF METALLURGY AND
CONSTRUCTION ENGINEERING
PEOPLE'S REPUBLIC OF CHINA.

KNIE GANG   LI TANG-XING   CHEN ZHONG-PAO
WANG QI   SUN XI-ZING   ZHOU ZHEN-HUA
WANG YAO   CHEN YONG   YING TAN-YOU
BAI QING   CHEN YI   ZHANG XIN-YUE
TANG HE

PLAN 1:200

B.R
K.
B.R
B.R
W.C

CAVE EXAMPLE, SHANG'S H
-OME ZHANGJIAPU VILLAGE QI-
AN LING COMMUNE QIAN COU-
NTY SHANXI PROVINCE, AN
EXPERIMENT AND RECONSTRU-
CTION BY SURVEY AND REG-
-ARCH GROUP SHANXI PROVI-
-NCE ARCHITECTURE
INSTITUTE, WHICH YIELDS GOOD
RESULTS.

CAVE RECORD
1 BEFORE RECONSTRUCTION
2 AFTER RECONSTRUCTION
3 INTERIOR
4 INTERIOR
5 DURING CONSTRUCTION
6 COURTYARD

BRICK ARCH SUPPORT

WOODEN ARCH SUPPORT

PRECAST CONCRETE SLAB
WATER PROOF LAYER
SOIL FOR PLANTING
SHINGLE FOR WATER
PENETRATING AND
DRAWING OUT
FINE SOIL
ONE LAYER PLASTIC
FILM
PRESSED LIME-SOIL
SOIL

BRICK WALL
BRICK ARCH

PRECAST CONCRETE BLOCK WITH SAND

WOOD SCREEN
CURTAIN

PLAN 1:40

ELEVATION 1:60

INSULATING CURTAIN
CONTROLLABLE VENT

I-I SECTION 1:60

II-II SECTION 1:20

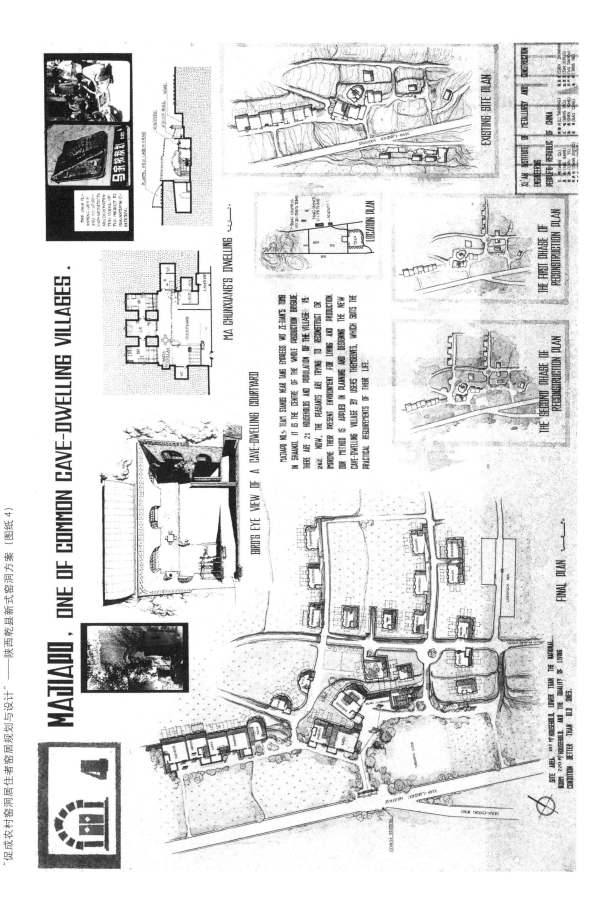

国际建筑师协会（UIA）大学生建筑设计竞赛获奖作品集（1984—2017）

国际建筑师协会（UIA）大学生建筑设计竞赛获奖作品集（1984-2017）

"促成农村窑洞居住者窑居规划与设计" ——陕西乾县新式窑洞方案（图纸 5）

给联合国教科文组织总部邮寄三个参赛方案图纸的邮件

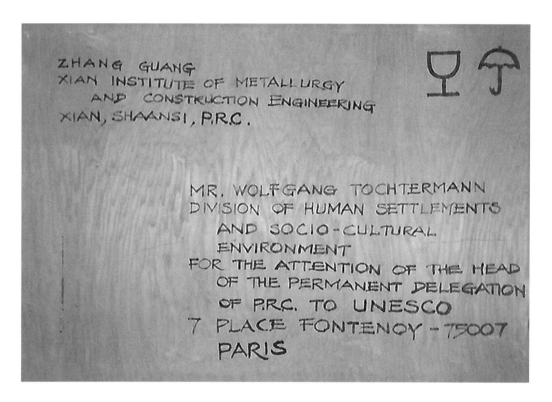

ZHANG GUANG
XIAN INSTITUTE OF METALLURGY
AND CONSTRUCTION ENGINEERING
XIAN, SHAANSI, P.R.C.

MR. WOLFGANG TOCHTERMANN
DIVISION OF HUMAN SETTLEMENTS
AND SOCIO-CULTURAL
ENVIRONMENT
FOR THE ATTENTION OF THE HEAD
OF THE PERMANENT DELEGATION
OF P.R.C. TO UNESCO
7 PLACE FONTENOY - 75007
PARIS

　　原邮件是用三合板把A0图纸夹在中间，四周用透明塑料封口防湿，体量较大、比较重，这是收信和寄信人的详细地址，贴在邮件的左上角。

(张光 供稿)

国际建筑师协会（UIA）大学生建筑设计竞赛获奖作品集（1984—2017）

006

西安冶金建筑学院

(Xian yejin jianzhu xueyuan)

Xian Institute of Metallurgy and Construction Engineering

Xian, Shaanxi Province, The People's Republic of China

March 30, 1984

Dear Mr. Tochtermann

I think you have already recieved the five panels of the project which was submitted by thirteen students of our Institute and had been selectted as one of the prize-winners in The UIA Student Competition of 1984. I asked the head of permanent delegation of our country to UNESO sent it to you.

I was shocked to learn that The UNESCO Headquarters in Paris hadcaught fire on twentieth of March, let me express my consolation to you. In addition I want to know if the original panels of winning project and concerning material sending by our Institute have damaged by fir, I will look forward your return letter.

With best regards,

Yours Sincerely

Zhang Guang

亲爱的沃尔夫冈·托特曼先生：

我 3 月 6 日通过我国常驻联合国教科文组织代表团负责人转交给你的 UIA 国际建协 1984 年大学生国际竞赛的我院 13 名学生的获奖方案原图版面 5 幅谅已收到。

惊悉在巴黎的联合国教科文组织总部大楼 3 月 21 日发生火灾，甚为关注，特此问候。如贵部所有的信件、档案和我院寄送的竞赛原图等资料有被烧的情况，请速告我为盼。

致 礼

张 光

1984 年 3 月 30 日（张光 供稿）

与巴黎联合国人类居住地与社会文化环境研究部往来的信函

united nations educational, scientific and cultural organization
organisation des nations unies pour l'éducation, la science et la culture

7, place de Fontenoy, 75700 PARIS

téléphone : *national* (1) 577 16 10
international + 33 1 577 16 10
télégrammes : Unesco Paris
télex : 204461 Paris

référence : SHS/ENV/WT/84/825

17 April 1984

Dear Mr. Zhang Guang,

Thank you very much for your letter of 30 March which I have just received.

I am pleased to assure you that I have received the five panels concerning the project which was submitted to the International Students' Competition organized by the International Union of Architects in 1983. Please be reassured that these panels have not been damaged by the fire which broke out in the main building of Unesco and did not reach the annexes where my office is.

With best regards,

Yours sincerely,

Wolf Tochtermann
Division of Human Settlements
and Socio-cultural Environment

Mr. Zhang Guang
Head of International Exchange
Centre for Research and Learning
Xian Institute of Metallurgy and Construction
                    - Engineering
Xian
Shaanxi Province
People's Republic of China

1984 年 4 月 17 日收到托特曼先生的回信

亲爱的张光先生：

我已收到您 3 月 30 日的来信，非常感谢。

我高兴地告诉您，贵院在 1983 年由国际建协组织的国际大学生竞赛中获奖方案的五幅原版图纸我已收到。

联合国教科文组织总部大楼发生的火灾没有蔓延到我办公室所在的建筑物，那些图纸未受损害，请放心。

良好的祝愿！

人类居住地与社会文化环境研究部

沃尔夫冈·托特曼

1984 年 4 月 17 日

（张光 供稿）

与组委会沟通参加竞赛授奖仪式的信函

西安冶金建筑学院讲稿用纸

Dear Mr. Lanthonie:

我很高兴地正式通知您，我院将派三名代表前来开罗参加在第十五届国际建协大会期间举行的，1984年国际大学生设计竞赛的授奖仪式直接向大会表示衷心地祝贺。

名单如下：

广士奎先生——建筑系主任，付教授。

刘振亚先生——建筑系民用建筑设计教研室主任，付教授。

周庆华先生——我院获奖学生小组代表。

他们正在作去开罗的准备。在行期和班机确定后，他们将给您打电报。如可能，恳请您派人去机场候迎。

待手续办完后，我们一定将会议注册表和会书等寄您，我们希望您能够及时收到它。

请电告开罗大会秘书处的地址，电话和我院代表可能住宿的旅馆等事项。

良好的祝愿

晓光 1984.12.24

00217-8310　　　　　　第　页

西安冶金建筑学院讲稿用纸

Dear Mr. Lanthnie:

It is my great pleasure to formally inform You that our Institute will send three delegates to Cairo to participate in the official ceremony for the awarding of prizes to the winners of the 1984 UIA International Students Competition, during the XVth World Congress of the International Union of Architects, and directly show our hearty congratulation to the Congress.

The name list as follows:

Mr. Guong Shi Kui —— Head of Architectural Department. Associate professor.

Mr. Liu Zhenya —— Head of the Civil Building Design Pedagogic Research Group. Associate professor.

Mr. Zhou Qing Hua —— The representative of the prize-winning students' team of our Institute.

They are now preparing for going to Cario. They will telegraph a message to you when

00217-8310　　　　　　第　页

建筑系师生代表参加 1985 年在埃及开罗召开的国际建协第十五届国际会议的总结（节选）

1985 年 1 月 20 日至 24 日在埃及开罗举行了 UIA 国际建协第十五届年会。在此次会议的闭幕式上，同时举行对第 12 国际大学生建筑设计竞赛（IPSA）的颁奖仪式。我院建筑学 79 级 11 名同学荣获该次竞赛的叙利亚建筑师奖（总排名第三）。应国际建协邀请，我院选派了广士奎教授（建筑系主任）、刘振亚教授（教师代表）、周庆华同学（获奖学生代表）三人出席了开罗会议领了奖（证书）。现将主要情况汇报如下：

（一）一般概况

由于这是我国大学生首次参加 UIA 的建筑设计竞赛并获奖，故受到国家和有关方面的高度重视和支持。在院、系和外办的努力下，在半个多月的时间内如期办妥了出国手续。我们于 1985 年 1 月 17 日离京前往埃及，途中由于转机和天气等原因在卡拉奇和迪拜停留，19 日才抵达开罗，赴我国驻埃及大使馆报到后由使馆派车送至大会会址——开罗大学。

20 日大会开幕，出席开幕式的代表近千名，此外还有数百名埃及学生和大会工作人员。中国代表团由何广乾（上：国际建协理事）带队，团员有吴良镛（清华大学教授）、张祖刚、王天锡（都是建筑学报编委）、加上我们共七人。出席开幕式的有埃及总统穆巴拉克的代表、国际建协主席、国际建协埃及分会主席等。开幕式后，全体代表到大金字塔附近的一个饭店露天草坪上参加了欢迎酒会，会后代表们观看了金字塔的声光展示节目。节目模拟了大金字塔建造过程的壮烈场面，使人们对埃及悠久的历史和古老的文化加深了认识。

21 日开始大会发言，按地区有 4～5 个发言人，中国建筑代表团吴良镛教授于 23 日作了发言。大会同时举办了多项其他活动，其中大学生国际竞赛方案在开罗大学艺术系馆的二楼走廊展出。我们对阿根廷、泰国、墨西哥、苏联、法国等参赛方案拍摄了一些照片，以志参考。此外，我们在分会场观看了荷兰代表团放映的录像；浏览了一些欧洲国家为南美等地做的设计作品图片，会议中间还参加了一次赴远郊古城孟菲斯和色卡拉的考察活动，对埃及的古迹和文物保护有了初步印象。会议大厅前的休息厅也是交流和交谊活动的场所，有关国家的宣传、交流材料都在那里阵列、散发或出售；我们所带的交流材料也按要求放在那里，很快都被代表们取用一空，我们的材料内容虽充实，但印刷和装订比较差，这是值得注意的。加拿大、美国等主要是为争取承办今后国际建协会议作宣传，精印了会址材料，散发了纪念章。英国除散发了 1987 年召开国际建协下届会议的会址材料外，还在大会上用幻灯片介绍了会议所在城市（Brighton）的环境、会场设备条件、旅游项目等。南朝鲜则为 1988 年在汉城举行下届奥运会作宣传。

24 日下午为大会闭幕式，同时举行授奖仪式。在主席台上就座的有 UIA 国际建协主席 HOZ 先生、

国际建筑师协会（UIA）大学生建筑设计竞赛获奖作品集（1984-2017）

国际建协总秘书长莱索尼先生、国际建协埃及分会主席、新加坡的国际建协理事等人，仪式隆重简单，先是对在建筑事业上作出过贡献的几位建筑师授奖，接着由莱索尼先生逐一宣布获奖大学生所在国、单位和获奖人姓名，当宣布到中国西安冶金建筑学院大学生设计团队获奖名单时，由周庆华代表上台领奖（见附照a），会场投以热烈掌声。事后，有不少代表见到了我们仍表示热情的祝贺，应该说，首次有中国大学生在 UIA 国际竞赛中获奖，在大会上形成了热烈的反响。大会期间，我们造访了国际建协总秘书长莱索尼先生，向他转达了学校和外办对他的感谢，表示了今后要加强联系的愿望，并向他赠送了西安名胜古迹的幻灯片。他对此表示感谢，并说他更应该感谢我们，因为我院派出代表，不辞劳苦远道赶来与会，对此他表示慰问和谢意。

25～30 日期间，我们对埃及的大学教育和开罗工学院建筑系进行了专门访问（见附照b）。埃及有 14 所大学，其中最古老的是爱资哈尔学院，已有近 1000 年的历史。开罗市区有 4 所大学，全国大学生总数约 50 万。开罗工学院成立于 1905 年，全院共有 15 个系，建筑系是较老的系，学生入学后第一年不分专业，第二年开始分系，建筑、工民建是近年来的热门专业。建筑系共有 15 位教授，10 位助教授，10 位讲师，全系教职工 45 人，学生约 600 人，为五年制，每年招 150 人左右，高低年级的设计课都在一个上百人的大教室上课，每学年做 3～4 个设计，三年级开始作真题，图纸表现以墨线、钢笔透视图为主，不画彩色渲染，毕业设计 6～7 个月完成 5 张左右图纸。我们在开罗工学院建筑系参观了系馆设施、学生作业和资料室等，并会见了该系系主任埃·贝西翁内博士（Dr. A. Bassiouny），他曾与柯布西耶在法国共事过 5 年，并去过我国台湾。在他的陪同下我们参观了由他设计的建筑系 9 层的新馆工程，即将竣工的新建筑系馆，除下三层供学院使用外，整个建筑系将占六层，那时的实验室、资料室等各占据一层，规模就比较可观了。由于当时正值学生放寒假，没有机会与建筑系的学生交流接触。之后，我们参观了埃及博物馆、苏丹·哈桑（Sultan. Hassam）大清真寺、大金字塔和狮身人面像等古迹。此外，还登上 187 米高的开罗塔，鸟瞰了尼罗河沿岸的市容和夜景。25 日我们与中国建筑代表团的 3 位代表一起赴亚历山大港区参观。临回国前的 29 日，我国驻埃使馆的一名工作人员还专程驱车陪同我们浏览了开罗的市容，访问了埃及前总统萨达特遇难的现场，瞻仰了无名英雄纪念碑。30 日结束在开罗的全部活动，傍晚启程回国，于 31 日晚回到北京。

（二）专业信息

1. 城市人口骤增将导致严重的社会问题

城市人口骤增导致居住环境恶化，住房不足，缺乏必要的公共设施。一位墨西哥建筑师问我对开罗的印象，我说："汽车过多、噪声、污染严重"。他说，墨西哥的情况更严重。一位埃及导游也谈到，由于大量人口涌入开罗，住房不足，有的人甚至住进郊外墓地的墓室里，可见问题的严重。

2. 专业人员拥有量不平衡

许多第三世界国家将无力量为涌入市区的大量居民提供基本的居住环境和专业帮助，事实上是第三世界国家严重缺乏建筑专业人才，他们与人口之比往往只有 20 万～ 30 万分之一。一位非洲代表谈到，整个非洲只有 2000 名左右的建筑师，极需各国支援。

3. 建筑师的职能要适应世界的变化

面对上述社会因素，建筑师的职能如何来适应这一变化着的需要，已成为国际性问题，许多居民集中的城区和广大农村地区居住环境的规划被忽视了。因此，有的报告呼吁，有关政府要促使建筑师把注意力转过来，能接触广大农村和城区广大居民，成为服务于居民们的工作者。非洲地区一位代表激动地指出："我们需要各国建筑师的支援，但我们不欢迎那些只是为了谋求职业、赚钱、或为个人树纪念碑而来的建筑师"。在一篇题为《世界银行与建筑师》的报告中指出："……建筑师最重要的使命是要帮助第三世界建立基本的建筑环境，而不是沉醉在耗资巨大的纪念性建筑上。"

4. 专业训练方法和目标要改进

我们居住在一个变化中的世界，而以往的建筑学教学、训练在适应变化着的需要方面是失败的。人们所希望的建筑师和规划师是要能为广大人民合理地规划居住环境。有些发展中国家近年来面向西方求助以建立他们自己的学术机构，其结果往往是产生了完全脱离当地实际需要的建筑师阶层。对从事建筑学的教师来说，他（她）必须是一个专业实践者，而不是置身实践之外的理论者。可以期望今后学生应当从实践者的建筑师中去找教师，此外，在大学训练期间应当使学生获得对今后建筑师十分需要的协同工作的精神。

5. 要以积极态度对待一切新技术成就

例如：电子计算机辅助设计；进行建筑创作中的资料和信息的收集工作；新的建筑技术和施工方法；建筑的预制化、商品化等，应当及时地很好地加以应用。建筑学意味着是过去、现在和将来的生活，它还需要满足人类精神、心理、生理上的要求。

总之，许多社会、经济因素构成了我们的迫切问题，这些都反映在建筑师的工作中。人们的需要和要求变得越来越难以满足了，无论何时、何地建筑师都面临着巨大的责任和困难。我国也属于第三世界，虽然各国的社会经济制度等各有不同，但 UIA 国际建协第十五届大会议论的课题和提供的信息，都很值得我们深思，也促使我们应从更远更大的范围来考虑建筑师的作用、职责以及专业培养的目标和方法等。

(代表小组)

1985 年埃及开罗国际建协第十五届国际会议附照（a）　　　　1985 年埃及开罗国际建协第十五届国际会议附照（b）

获奖奖金

奖金三万叙镑。

我把获奖证书通过外交部驻叙利亚大使馆取回。中国银行告知：按 1984 年 3 月 21 日汇率计算：1 美元兑 3.925 叙镑；

1 美元兑 2.0795 元人民币；

3.925 除 2.795＝1.8875，

所以，1984 年 3 月 21 日人民币对叙镑的套汇率为 1 元兑 1.8875 叙镑，以此汇率折算，三万叙镑合计为 15894.04 元人民币。

中国银行

1984 年 4 月 3 日

（张光 供稿）

大學生交响曲

赵 安

引 子

一九八四年元月二十五日。

一封白色的信柬从法国塞纳河畔飞到了中国古城西安，那是巴黎国际建筑师协会致西安冶金建筑学院的。

我非常高兴地通知你们：国际评委会在仔细审阅了来自四十四个国家的一百八十六份方案之后，已经选出你们的方案作为这次大学生竞赛得奖方案之一。

我真诚地感谢你们在这个至关重大的主题《建筑师促成使用者进行住宅规划的设计》中所做的工作，并希望你们能参加一九八五年元月在开罗召开的国际建协第十五届国际会议，我希望能在开罗亲自向你们祝贺。

国际建协总书记米歇尔·兰索尼

评委会对西安冶金建筑学院提交的三个方案印象特别深刻，感到这三个方案应当是一个整套。因为它们各探讨了互相补充的情况：市内居住邻里的改造，新居住区的建设和农村条件下的建设。因此，评委会建议将这份特殊优厚的叙利亚建筑界奖金由这些方案所分享，因为要从这些方案中选出任何一份都会引起非议。

评委会对他们所搞出来的发动居民参加的步骤方法感到特别细致详尽，对利用改造传统住宅形式以适应当前条件的建设所具有的文化上和建筑艺术上的敏感性，都特别感到印象深刻。

国际建协评委会主席
约翰·F·C·特纳

我们UIA（法文，国际建筑师协会缩写）竞赛小组获奖了！消息不胫而走。

已经留校，在西安冶金建筑学院设计所工作的高青，首先得到消息。这个当年的班长，设计竞赛小组组长的第一反应，就是尽可能迅速地向分配在西安地区的同学报告这一喜讯。这个稳重干练的年青人，抓起话筒，手抖得竟然半天拨不准电话号码。

在西安市规划局工作的吴天佑正在审图。这个被同学称为才貌双全的青年接到电话，立刻向局长作了汇报。因为，这次获奖方案之一，就是西安市北院门地区的旧区改建。

在陕西化工设计院工作的陈忠实当时没在单位，听到同志转告他后，这个沉默寡言、上进心很强的青年，震惊得不知说什么好，只是反复喃喃着："还不错，还不错。"

在武汉钢铁设计院工作的唐和，刚从家回来，看见明信片，这个认理不怕碰南墙的青年，立刻冲出去买了一瓶葡萄酒，一气灌下了半瓶，还拿出两个过年剩下的焰火，在门口点着了，火花闪耀中，他急草了一封致同学的信，把红色的葡萄酒洒在了信纸上。

……

· 15 ·

国际建筑师协会（UIA）大学生建筑设计竞赛获奖作品集（1984-2017）

啊，成功了，多么令人心醉的成功！

报纸上纷纷转载报道，老校友的贺信飞进了校园。

分别才半年的同学们又重新云集西安。四年的同学生活，半年的竞赛设计，昔日痛苦的探索，今天幸福的欢聚，使任何话语都失色了，同学们沉入了无言的感慨之中……我们大学生，我们这一代年青人呵！

第一乐章　野马上套

百舸争流，孰能搏手？
——建筑学七九级集体格言

一九八三年三月五日。

建筑学七九级的教室里坐着十三位青年，十三位共青团员。

十三，在西方向来被认为是个最不吉利的数字，城市里没有十三号住宅，人们避免十三号出去做事，甚至电影院里没有十三排十三座。

此刻，这十三颗心，正沿着十三条个性的轨道飞旋。十三张脸庞都因为激动、忐忑而微微发红。

学校领导决定：参加联合国教科文组织委托国际建协举办的第十二届大学生设计竞赛，并把此项竞赛纳入建筑学七九级的教学计划，作为毕业设计进行。

系领导决定：从建筑学七九班抽出十三名同学组成UIA竞赛小组，并抽出三名副教授作为指导教师，两名副教授作为答疑教师。

学校将为此组织顾问组，由院长王润任组长。

能不能再加一个人，或者减一个人，避避邪，十三，这个数字真有些……不来劲儿！

不行。其余同学还要组成两个设计组进行毕业设计，就是这个组，也是强弱搭配，不能集中班上的尖子。

好吧！十三就十三，在解放军里正好是一个步兵班，我们认了。

下一个问题：我们——行吗？国际比赛，那是闹着玩的？

国际建筑师协会是个规模很大的国际性组织，它拥有五十多万名建筑师，分属八十个国家和地区分会。聚精荟萃，群雄逐鹿，能有我们驰骋之地吗？

我们国家光建筑系能排上号的就有八大院校，其中，六所是重点大学，另一所是专门的建筑学院。而我们西安冶金建筑学院向来自认老末，师资、教学设备及图书资料亦难与人家匹敌，参加国内竞赛，

头皮都一阵发紧，这参加国际竞赛，还不让人鼻头冷汗直冒？

三位副教授正襟危坐。颇具学者风度的佟裕哲老师，循循善诱的张缙学老师，亲切和蔼的侯继尧老师，这三位年近花甲，在建筑学上造诣颇深的副教授，都有些惴惴不安。

这些学生能拿得出去吗？能代表中国大学生的水平吗？

建筑学七九，是建筑系很有些名气的一个班级，最佳绰号是：一帮野马。

参加全国大学生设计竞赛，七七、七八都有获奖的，七九是光头；

参加研究生考试，七七、七八都有考上的，七九又是光头。

这两个光头在墨发如海的校史上，是那么刺目，刺得整个七九的形象都有些变形。

四年大学生活，他们班好象就没有安生过，新鲜事一个接一个。

校园里放了场《古堡幽灵》。于是，第二天的设计课上，一个颓废派建筑就在图纸上出现了，歪歪斜斜的古堡，曲曲弯弯的水道，不规则的门，多边形的窗，让人哭笑不得。老师红笔一挥：2分。

美国一位著名的二级教授来校讲学，因礼堂坐不下，不让低年级参加。别人都遵守了，唯独他们班，硬赖在会场不走，后来在系领导和教师强令下，走了一部分，另一部分硬是磨到那教授进场，老师再无法撵为止。第二天，又一人一篇检查，还真有些痛心悔过的味儿。

他们班集体活动多，班级美展是校内最多的一个班。

全班爱好音乐入迷，集体崇拜贝多芬和德沃夏克。每逢设计周，教室里总回荡着交响乐，因此得一戏称：建筑七九总是踩着舞步画图。

最能说明这个班个性的首推歌咏比赛。音乐水准平平，可是音量十分惊人。台上站定，指挥手一举，三十张嘴巴顿时张得溜圆，脖上青筋突爆，每个声带都放出最大能量，一开口就是一个重磅炸弹，震撼会场，令人瞠目。

凡是与他们班打过交道的人，都有一个明显的感觉，就是他们心齐，集体荣誉感极强，谁要是口气轻慢地来一句"你们七九怎么怎么"，就要防备立刻会杀出一个横头炮："我们七九怎么了！"任课教师总皱着眉头，迟到的人太多。

搞国际竞赛，题目又那么怪，真有点玩儿玄。

· 16 ·

如果砸了锅，毕业设计得不了五分，那也许会影响分配的。说真的，世界上有许多名牌大学，高等学府，历史悠久，信息灵通，我们真行吗？

心有悸动，面有难色。

毕业设计遇上国际竞赛，嘿，贼来劲儿！这才是真家伙，百年不遇，千载难逢。外国人也只有一个脑袋，就是头发黄一点，怕什么？从色彩学上看，黑色是万色的凝聚，是晶莹纯净的又一极，凝重，深沉，坚毅。从审美观点看，一对黑葡萄比一双青玛瑙有神多了。

心中燃火，眉梢扬辉。

噢——我们的个性哪里去了？

"宁肯得二分，也要创新意！"

"保存古迹固然重要，但我的理想是创造未来的古迹。"

"我们要振兴七九！"

一条建议提出来了，每个同学都写一句自己最喜爱的格言，然后评选出一条作为我们班的格言，大家共同遵守。采精选粹，沙里淘金，终于，一条响亮的口号确定了：

百舸争流，孰能袖手。

大字书写在教室墙上，醒目，惊人。每个同学都感到太阳穴砰砰直跳，浑身如触电一般。

一位同学把眼镜拉到鼻尖，翻开笔记本念到："要在现代建筑学上有所造诣，必须有：广博的学识和无穷的兴趣，哲学和数学的深厚素养，语言文字表达能力强，优异的空间理解力，无止境的好奇心，强烈的社会责任感，顽强的意志和坚定的信念，对新事物的高度敏感，不仅有科学知识，更具有科学头脑。你们——具备吗？"眼光从眼镜框上面射出来。

"我经过正立面，侧立面，透视，剖面，仰视，最后又来了一个大鸟瞰，对这次竞赛得到一个异常完整的认识，我们和他们：0比0。鹿死谁手，难说！"

"天生我才必有用！"

"今日不用何时用！"

"伟人之所以伟大，那是因为我们跪着，同学们，站起来吧！"

UIA竞赛小组的同学们在领奖

十三只手叠在了一起："为了祖国，振兴七九"，"奋斗！"一声吼，震得建筑系东楼颤了一颤。

《建筑师促成居住者进行住宅规划的设计》竞赛规则打印下来了。

规则规定竞赛参加者必须准备一个方法步骤设计，根据这个方法步骤，他自己选定的业主，有可能去规划和设计他们自己的住宅房屋和住宅组群，（至少包括十二个单元）或者可以换另一种方式，让他们自己规划和设计邻里单位（最大不超过五千居民）。

交图内容必须有两部分：

一、方法的设计。

二、显示这些有关因素，有一个特定的具体的方案实例，将当地自然和经济状况考虑进去。

所有文字必须使用国际建协两种工作语之一，即英语或法语。

面面相觑。别说同学们，老师也没有接触过这种新颖的比赛。以往设计竞赛，总有一个具体的要求，比如，一座医院，一座学校，一幢厂房等，而这个方案，却要有一个方法。通俗点说，就是怎样教给居民盖房子。可怎样理解"方法的设计？"

老师当机立断：马上作社会调查。

第二乐章 大学生的节奏

最值得珍惜的莫过于每一天的价值。

——歌德

三月十八日，三位副教授带领十三位同学，踏

· 17 ·

上了东去的列车。

第一个任务便是住房调查。山东潍坊的商品化住宅，北京的四合院，上海如何巧用住房空间，天津的旧式里弄和低层高密度住宅，唐山的新区建设，杭州的系列化构件，青岛的殖民地建筑，苏州的江南民居……都得看看。

旅途第一站，是素有"河山拱戴，形势甲于天下"之称的九朝古都——洛阳。同学们将在此换乘列车，前去南阳。

有半天空闲，不可能白白过去。精力充沛的青年们一串通，直奔了城东白马寺。

洛阳白马寺始建东汉初年，是我国最古老的寺院，院里游客如云。雄伟的天王殿、大佛殿，秀丽的齐云塔、毗卢阁把同学们吸引了，纷纷掏出了速写本。搞建筑学的，人人都是个小画家呢。不过，这些画家总是"目中无人"，猎取的都是建筑物。

大佛殿内香烟缭绕，不时有人跪拜捐赠。

"叩个头吧，阿弥陀佛，善哉善哉，保你下辈子能交好运。"

"这辈子我还顾不过来呢！耽误睡觉。"

"我来磕，保佑咱们这次竞赛一定成功！"

"算我一个！""过去点，让个地儿。"

突然，嘻笑声没有了。十三个同学，整整齐齐站了两排，虔诚地跪拜下去，双手合十，额头触地，这一奇景立刻吸引了游人的目光。

同学们一个个神情肃穆，目光炯炯，旁若无人，仿佛他们早就盼望有一个庄重的场合表白心迹。

告别白马寺了，一股古代将士，祭典完毕，挂帅出征的神圣使命感在他们心里奔涌。

"老天爷真能保佑我们就好了。"

"我的心可够诚了，脑门都叩肿了呀！"

"让天佑说，天佑，老天会保佑我们吗？"

"别问，名字早回答了。吴——天——佑，没有——老天——保佑。"

列车在豫西大地上飞驰。车厢里，老师正在研究到南阳如何开展工作。

散在车厢各处的同学们早已和旅客谈上了，于是大量的社会信息又开始迅速集中。聂刚同学在与一位中年干部交谈中发现，这位同志就在南阳市工作，而且对民建公助这件事很熟悉，并且告诉说，这件事具体是南阳市副市长吴涛同志负责，你们可去找他。

一下车，同学们直奔市政府。

吴涛同志听说西安冶院三位副教授带领一群学生来了解他们的自建公助，不禁大喜。自从报上刊载他们的消息后，来参观的人的确不少，南阳市的同志们也感到他们这个形式极待提高，如今专家上门，岂有怠慢之理。他立刻下令，由陈文田工程师负责接待工作。在陈工的带领下，同学们参观了铁西、中州和永安三个新村。看到了群众自建住宅有着很大的积极性和潜力。他们自己盖房，用料省、造价低、速度快、周期短，是一条非常可行的路子。他们不仅能盖好，而且盖得很巧，他们在屋顶种菜，把上下水管道做成楼梯扶手，门楼上种花养鱼，用废瓶子和鹅卵石铺成花纹状地面，美观经济，真令人耳目一新。

紧张的参观结束了。他们迅速收拾行装，赶紧坐上市委准备的面包车赶到车站，谢天谢地，列车晚点五分，他们连挤带拥总算上了车。

首都北京。

同学们放下行李，就四下分散，钻进各个胡同小院里去了。

你们家几口人呀？住几间房？收入多少呀？够不够住？你们对住房有什么要求吗？……

有的热情介绍，有的一听说他们是西安的，干脆拒绝。给你们说有什么用，北京比你们西安大多了，你管得着吗？

真没想到，还会遇见这类问题，怎么办？

年青人，鬼点子多。"咱不会说咱是北京学生。"

"试试看吧，反正没时间磨菇了。"

换了条胡同，同学们都摘去了校徽。

"大伯，大妈，我们是大学生，来搞社会调查，你们房子够住吗？……"

嘿，还真奏效，居民热情多了："小同学，坐，坐，喝水，我这个家就住房成问题，你能不能给我反映一下……"

同学们一家一家串着，每次出了门都得意地挤眉弄眼。这情况终于引起了怀疑，"你们事来事去的，在这干什么？"

"大妈，我们是学生，搞社会调查的，你看。"毕竟做贼心虚，同学们赶快递上自己的笔记本，想证明身份。

谁知这位警惕性很高的居委会老太太久经沙场，根本不理这套："有介绍信吗？学生证让我看看。"

· 18 ·

同学们浑身上下摸了一遍，都忘带了。

"没证明不许在这串，你们走吧。回去开了证明再来。"老太太又正词严。

同学们故作难色，你拉我劝，仿佛恋恋不舍，一走出这位老太太视线，又吐舌头又瞪眼，"好玄呀!"擦擦头上的汗，街头小店闹三升啤酒，来碟花生米，压压惊，又钻进另一条胡同里去了。

×

下面是一位同学的实习日记摘录：

四月二日

上午去八大关看了看殖民地建筑，这里现在是青岛疗养区。青岛曾先后被德国和日本占领，想起这耻辱的一页，大家不禁都有些脸热，落后就要挨打。我们这次咬牙也要把他们比下去。

一上午，累得够呛，中午两点出发去大港，三点登上长力号海轮，离开青岛驶向海洋。三位老师都快六十岁了，跟着我们跑就够意思了，我刚去他们仓里，他们还在批阅我们的二次快题。

四月三日

海上航行继续，进入黄海，海水变成了黄色。六级风，浪峰相叠，十分壮观，就是船上伙食太差。

下午五点半到上海港下船，住在徐汇人民体育场招待所。

初到繁荣的上海，晚上便去看了看人烟稠密的里弄。

四月四日

前往宝山钢厂生活福利区参观，整整一天。回来在车站等车，聂刚靠在花栏杆边就睡着了，仰头张嘴，胡子又重，真有点象流浪汉，谁也没叫醒他，还给他拍了照。闹得行人纷纷注目，当我们是一群愚人节的疯子。

大家都困了，有些缓不过劲。睡觉本事练得十分高强，抓住扶手，任汽车颠簸，站着照样梦见周公。王琦居然还能绝妙地打起呼噜。饭食：饼干就冰棍。

晚上到上海体育馆和徐汇住宅楼群看了看。

四月五日

上午在上海规划设计院开座谈会。上海人在住宅问题上想了不少办法，很有启发。

下午，到市郊看农民住宅。

四月六日

早晨五点半乘车去杭州，看到了美丽的西湖，正赶上细雨霏霏，湖光山色如雾里看花，别有风味。"若把西湖比西子，浓妆淡抹总相宜"，真想抹几笔水粉，无奈走时轻装，只好作罢。下午冒雨去双峰公社看农民住宅。

晚上整理笔记。

四月七日

晨七点，由杭州城市规划局同志陪同去萧山参观农村住宅和系列化水泥构件。沿途一派田园风光，麦苗青青，菜花金黄。

赶回杭州已是下午三点。同学们站在花港观鱼处，只想多看一会儿，饭也顾不上吃。亭台楼阁，水榭曲桥，老师又给我们讲了会儿构图。五点三十分，登上前往苏州的客轮，挤在四等仓里，空气污浊，闷热异常，江水又黑又臭。

就这也算到过杭州了，想想真让人伤心。同学们好像变了，时间抓得贼紧。为了赶船，一人手里只抓了几个包子权当晚餐。

四月八日

早晨八点到达苏州，感觉比杭州干净些。

下船就开始奔命，为了添点园林知识。大家恨不能有八只手，好分头勾画。先去沧浪亭，据说这是苏州园林历史最久一处，建筑朴素无华，漏窗图案造型精美。接着去网师园，布局紧凑，一步一个画面，真绝。又去虎丘，留园，拙政园，薄暮赶到车站，乘304次去常州。

一天全靠点心二两，茶鸡蛋两个。上有天堂，下有苏杭，我们就这样进了次天堂，真是穿堂而过，未悟天机。收获：十六张速写草图。

火车上挤得无立脚之处。"我这辈子再不坐火车了。""你再坐咋办?""再坐，我就……我就继续坐呗。"一阵轰笑。好不容易找到一个座位，于是，"争上游"，谁赢谁坐，热闹得忘了疲劳。

晚十一点到常州，又遇雨。安排好老师，住不下我们，大家冒雨又找，十二点找到一处防空洞旅馆。又饿得受不了，赶回火车站，大吃一顿。夜半归来，走在马路中央，脚跟隐痛，浑身精湿，集体大吼《斗牛士之歌》，精神大振。

四月十日

九日去常州，十日到无锡，当日下午五点到了南京，真是马不停蹄连轴转。同学们冒雨前往南京长江大桥，搞建筑的如果不看看南京长江大桥，颇有些象搞文学的没看过《红楼梦》。走上大桥，放眼望去，黑茫茫的一片，江岸灯火如星。雨下得更大了。江风带哨，拼命撕扯着我们的衣衫。天空中，不时炸雷滚过，脚下火车飞驰，大桥在颤抖。同学们扶着栏杆，谁也不吭声。明天就要回西安了，一场新的大战在等待着我们。真有些思绪万千，时而，我感到自己异常渺小，小的像一片树叶，一阵风就能把我吹走，我紧紧抓着栏杆。时而，我又感到自己异常博大，大得能容下这宇宙。这沉沉夜幕，就象我的脑谷，浓厚，凝重，二十多天的观感仿佛全成了山石堆压过来，令我透不过气。我真盼望闪电，这雷和火的精灵，划破这夜的笼罩，坦露出长江咆哮的雄姿。

人生能有几回搏呵！

第三乐章　重点进攻

我们深信人的相互作用与交往是城市存在的基本依据，城市规划与住房设计必须反映这一现实。
　　　　　　　——建筑师马丘比丘宪章

一个稍微粗通一些文化知识的人，会因不知道齐白石、徐悲鸿而感到羞耻，会因不知道曹雪芹、鲁迅而窘得脸色发白。但他却可以泰然地宣称，自己根本不知道什么梁思成、贝聿铭。

一部优秀的电影，一曲动听的音乐，一本动人的小说，都会引起人们重视，而大加宣传。但是一座优秀的建筑，却很少引起人们厚爱。建筑师常常感到很委屈，缪斯对她的七个子女是极不公道的，仿佛建筑是混迹艺术摇篮里的螟蛉子。

建筑也称艺术吗？盖大楼，蓝图，建筑公司，脚手架，盖民房，大吃二喝，没日没夜，架梁放鞭炮，泥水匠，木匠，大工，小工。

建筑是什么？流派繁多，源远流长，扑朔迷离，科学而又玄妙，不亚于艺术殿堂里的任何兄弟姐妹。它是供人类活动的环境，是凝固的音乐，是视觉的艺术，是在地球表面用石头书写的立体文献，是社会的反映、是时代精神的体现，是科学和艺术的综合、是逻辑思维和形象思维的综合。

建筑如何为人服务呢？使用者的骂声把建筑师从窗明几净的设计室中赶了出来。社会的大漩涡中几经挣扎，视野迅速扩大，社会学，环境学，心理学，人口统计学，政治经济学，伦理学，国家方针政策，自然辩证法等等，等等，统统挤进了建筑师有限的脑细胞。居民开门七件事：生活、交通、环境、绿化、托儿、上学、保健，件件要考虑，条条要落实。建筑师简直举脚并用也难以招架，绞尽脑汁，焦头烂额，依然怨声载道。

第三次浪潮，知识将成为最大的生产力，把知识提供给居住者，让居住者自己设计，怎么样？建

· 20 ·

筑师乐得一蹦八丈高，可又重重地掉在地板上，怎么让居住者学会建筑设计呢？总不能让他们上四年大学建筑系吧？盖房娶媳妇，一辈子就这么一次，花费那么高的代价，值得吗？怎么才能把二者结合好呢？

于是各种各样的道路和方法都开始摸索。

联合国教科文组织把一九八七年定为国际解决房荒年，国际建协决定：举办第十二届大学生设计竞赛。题目，《建筑师促成居住者进行住宅规划的设计》。主旨清楚，群英争雄，必然会办法层出，为国际解决房荒年提供资料和启示。

实习报告交上去了，但不理想，校系领导要求继续深入各自地区，把方案设计得更具体，更有创造性。

于是，他们分头下去了。西安市郊马头坡，这里的窑洞和延安不同，它是平地掏坑，再向侧面挖洞，学名称作凹字式，俗名炕埝窑。

王琦、李唐兴、陈忠实、聂刚，这四位农村组的同学，一来就住在了农民窑洞里。

窑洞的门和窗都是木板做的，一放下来窑里漆黑一片，窑顶渗水，一股潮湿的霉味。晚上睡觉，房东大娘递给他们一根棍子，说这炕边有个破缸，鼠来就敲敲，窑里老鼠多，别咬了你们。躺在炕上，被子潮湿发粘，平时只知道窑洞通风不好，潮湿，却没想到潮到这种地步。

他们一户一户地访问着，调查，丈量，详细记录农民的要求和经验。渗水解决不了，窑顶不能种地，良田荒芜，关节炎，风湿病异常普遍。中国的窑居者有四千多万呀！

窑洞居住冬暖夏凉，有节能的天然效果。侯继尧老师在窑洞问题上很有造诣，他在防止渗水方面，已有成功的经验，在他的指导下，同学们着重解决通风和采光这两个问题。

窗户开大点，是个办法。能不能在窗边装一活动反光镜，用来照亮窑内？

在窑洞后面挖个洞，下两根管子，一根通窑顶，一根从窑洞底部通出，通过空气冷热调节，形成自然流动解决通风，行不行？

能不能想法利用太阳能？窑顶通过防水处理，上面建暖房，既可种菜，又对窑洞有直接保温作用。能不能想法利用沼气？窑洞怎么统一规划？挖多深最为理想？

夜深了，这四个住楼房长大的青年，围坐在土

炕上，凭借着烛光，为窑洞争论着，勾描着，设想着。就在这里，他们为自己这套设计图定下了标题：《为四千万窑居者召唤春天》。

南阳，古称宛城。

张新月和陈潇敲开了一户居民的房门，呼地从里面窜出一条大狗，两耳直竖，面目狰狞，吓得她俩扭头就想跑。主人出来唤住了狗。问明客人来意，忙热情地让进院子。那忠诚的畜牲仿佛对任何生人都怀着不可遏制的敌意，尽管主人斥责，仍然在她俩身边转悠着，嗅嗅她俩的脚，毛茸茸的身子不时在她们腿上蹭过。她俩一动也不敢动，硬撑着胆子和主人交谈，说话结结巴巴，手抖得半天写不到本子上去，好容易问了个大概，慌忙告辞，出了院门，衬衣都被冷汗溻湿了。

她们敲了敲另一户房门。"呼"地又是一条狗窜了上来，隔着门缝拼命嗥叫着，吓得她俩扭头就跑。

为什么这里养狗的人这么多呢？是居民嗜好？老城区为什么不见一条？这种情况引起了同学们沉思，经过了解，养狗是为了看家。由于独门独院，邻居互不相识，被偷盗的事时有发生，以致有的人家的墙头上刺目地装着狼牙似的玻璃碴。巷口、院口总可见一两个孤独老人，倚门而望，孩子们在狭窄的巷道里踢球，在公共厕所旁边的空地上打扑克，聊天……

社会学告诉人们：邻里区中由家庭之间、个人之间的密切关系而组成的社会网络，是城市中的无价之宝，有内聚作用，把整个社会溶合起来，产生一种和谐的生活。住宅规划不考虑邻里关系，是极大的失策。

同样，照顾个人的私隐性，也很重要，人们对于个人生活的独立性和厌烦不必要的干涉的要求，也要在居住方面得到反映。怎么安排才容易产生向心力，社区感？怎么满足家长对孩子们的时空控制？怎么安排私有、半私有、半公共、公共空间？怎么才能使居住者产生安全感、独立感和自由感？都需要科学的统计作为论据。大家象饥饿人扑向面包一样扑向书籍，人口统计学，社会心理学，社会生态学等等，以至同学们相互取笑："我说伙计，你

这是想当建筑师还是想当国家总理？"

全国住宅现场会六月一日在南阳召开了，同学们被作为特邀代表出席了会议。他们向与会代表讲解了新设计的图纸，结果大受欢迎，供不应求，一下就售出近二百套。

劳动成果被承认的欣慰，使同学们信心倍增，十数日的劳顿不翼而飞。

第四乐章　最后的冲刺

天堂就在那边，在那扇门后面，在隔壁房里，但是我把钥匙丢了，也许我只是把它放错地方了。

我把它放到哪了。

——纪伯伦

方法——这个设计竞赛的幽灵，开始在教室徘徊。

张缙学老师举了一个生动的例子："方法就像一个装冰淇淋的纸杯，它的目的就是把冰淇淋传达给居住者。一个人一生就盖一次房，顶多两次。所以，这个纸杯用完就可以扔掉，要易得、价也便宜，丢了才不可惜。如果设计成玻璃杯，搪瓷杯，杯子的价值超过冰淇淋或相等，那就是失败。"

每个同学都变得能言善辩，每个人都为自己调查研究的成果而据理力争。吵不服，下去各自翻资料，寻证据，再来争，你提醒我，我启发你，一遍又一遍，像沙里淘金。

在教室吵，在饭厅吵，在操场吵，·在路上吵，在宿舍里还是吵，这些专门研究邻里关系的人们与邻居发生矛盾了。

熄灯了。学校统一关了电闸，照样吵，看不见

同学们在征求居民对居住环境的意见

· 21 ·

国际建筑师协会（UIA）大学生建筑设计竞赛获奖作品集（1984—2017）

对方手势表情，那不行，表情半句话！怎么办！手电筒，没电了，蜡烛，点完了。嘿，还真难不住，一翻身钻到床底下，拉出平时偷做小锅饭的煤油炉子，去掉罩，把一个芯子拔长，当煤油灯点着，继续吵。

邻居们的忍耐是有限度的，对这些屡教不改，天天闹夜的"ＵＩＡ"们，不能光口头抗议了。对门刚好住了四个校乐队的号手，门悄悄被打开了，四把大铜号对准他们一气猛吹，没有任何节奏，纯属噪音干扰。争吵者蒙了，众怒难犯，隔壁，火了。咱也太过份了。

争论的话题越来越集中了。争论沟通了思想，产生了协调，捕捉网越拼越大，可是前进越来越困难了。

时间一天天过去，同学们情绪开始反常了。

到设计室来的人越来越少了。一争吵，女同学就把耳朵捂上："吵，吵，就知道吵，烦死了。"

烦，坐不住，躺在床上又睡不着，老担心把时间睡跑了，可熬着又不出东西。同学们都生怕而又焦虑地看着那日历一天一天撕去。

六月十八号了，再有一天就要正式上版了，同学们有些绝望了。相约规定，再想一晚上，想不出来，就只好算了，早早上了床，关了灯，眼前总象有电影晃动。同学们都想用阶梯式，建筑师铺个底子，推着居民一步一步向上走。那么底铺多大，用圆还是方的表示？一个简单符号能代表什么呢？如果能用符号把想法固定那该多好！哎呀！对了，用符号，符号本身就有很强的抽象性，又有直观性，越抽象就越有概括性。比如一家有四口人，夫妻俩一个孩子，一个老人。丈夫是教师，晚上要备课，需要安静，妻子是纱厂女工，三班倒，休息不规律，他们又想让孩子培养独立生活能力，有一间单独房间，老人的房子要朝阳，晚上睡得较早，可又想看电视，厨房食品怕晒，南面不要开窗等等。怎样才能不发生冲突呢？建筑师把住房所需要考虑的问题印成表发给他们。在规划的区域内，平方米是固定的，可是隔成几间，大小安排，由居民自己定。确定好位置，就可以把建筑师提供的各种房间模式摆上去。这样，一张图就成了。同样的方式，几家可以选择邻里，共同规划院落。院落可派代表参与规划社区。一个小区规划不就出来了吗？如果是大片建造，居民可互助，按照格式，生产小型系列化构件，省工省料省钱。如果……周兴华同学越想越多，他迅速爬起来，掏出笔记本就记，

生怕这难得的幻影消失。迷糊到天明，爬起来翻本子，总觉得仿佛是个梦。同学们都参与进来了，半夜画在床围子上、胳膊上的各种想法都汇集了。老师乐观地肯定：符号法，行！可是人的要求那么多，那么纷杂，怎样才能简洁清楚呢？

一天又过去了，无情的夜又降临了。教室熄灯了。陈勇、孙西京和周庆华来到了操场上，三个人默默地坐在草地上，任凉风吹拂着发热的头脑。抽象，用符号表示，能不能分类呢？对，分类，把人的需要分类。夜掩盖了一切，什么都看不清了，他们躺下来，顽强地想辨别出空间的一切。辨别，易于辨别。突然一个念头，日本小学生的黄帽子。为了提醒司机注意，日本小学生全戴一种醒目的黄帽子，老远就能看到。对！世界能分辨，就是因为它们有色彩。用色彩，啊呀呀！真笨，这么简单的问题竟卡了这么长时间，表达方式有了，人的要求迅速分类：

蓝色——个人，私隐性。

黄色——家庭，内聚性及私隐性。

红色——社会，信息交流和物资需求。

……

同学们洗净了手，铺上了洁白的纸，小心翼翼地试好了笔，在这庄重的时刻，手都有些发抖了。搞过多少次设计了，画过多少图了，怎么这回笔底不畅了，变得那么滞重。

德沃夏克的《新世界交响乐》奏鸣着，雄壮，深沉，激奋。

六月的西安，闷热异常，每人一条毛巾备在身旁，怕汗滴在画图上。

傍晚，屋顶晒透了，设计室简直成了蒸笼，一天十几个小时爬在图板上，腰酸，胸闷，手困，眼疼，但是没人吱声了。

画呀，画呀！一丝不苟，以扛鼎之力运寸管，以营四海之目分位置，以布六奇之处妙出入，以水到渠成之理还自然。

何学们热情的手伸来了，其他组同学们来都忙了。图中所有文字全要译成英文，于是英文好的同学前来助战，张思赞副教授换句给他们校正。

一位低年级的同学看他们熬得太晚，给他们每人送来了一包饼干。

校园里处处是鼓励的目光，一位素不相识的同学，抓住他们的手说："你们真幸福，好好干呀！"

一个异常闷热的中午，广播里突然传来中央音

乐学院学生创作的《风雅颂》乐曲在国际获奖的消息。接着，收音机传出了那悠扬动听的音乐。同学们都停住了笔，静立谛听。

别人获奖了，平时也许过耳就忘。可现在，却突然感到心换得那么近。你们，冲上去了，好样的！同是为国奋斗人，相逢何必曾相识。祝贺你们……

好好干呀！最后的冲刺！

整整两天三夜，没有离开图版，累了，趴一会儿；困了，凉水冲冲头。

图终于完成了。兰色十六张，摆在了图版上。呆呆地站着，看着，不想说话，有的同学直想哭。

半年的心血，四年的积累。多漂亮的版面呀！

新区组四张图拼在一起，淡青色的底子是一个具有民族特色的花格窗，淡雅、素静；

农村组版面上，白色象征天空，逐渐加深的黄色象征黄土高原，一个拱圈代表窑洞，古朴、淳厚；

旧区组版面色调浓重。中国民居传统色调是青砖灰瓦白墙，他们用青色作底，间隔白色，红黄符号点缀其中，醒目、热烈、生机勃勃，象征旧城向新区的变化。

图版上，点缀着同学们的实例照片，题图为了说明中国的邻里传统，他们选绘了《清明上河图》《半坡村大屋复原图》。

三开间的大教室，草图在地下厚厚地铺了一层，只有每人脚下还露着一块地板，象稿纸的海洋中，飘浮着十三只小舟。

哦！一件往事，在心头萦绕。记得吗？八一年十月，我们二年级去北京实习。那次登长城多遗憾呀！大雾迷漫。同学们气得坐在城堞上咒骂老天。

突然，阳光，一道阳光刺穿了雾的慕帐，长城悄然露出一段身躯。"哎呀！快看呀！"惊喜声未止，雾又合拢了。阳光又在重新搏斗，闪了一下，又亮了一下，终于，顽强的阳光冲碎了雾的封锁，狡猾的雾还企图在山谷间躲来藏去，已经无济于事了。刹那间，长烟一空，极目万里，长城雄姿，陡然袒露在眼前。崚嶒巍峨的山峦间，巨龙起伏，不见首尾，一片一片的枫叶如血迹一般点缀其间。风萧萧，叶林动，恍如那战鼓声声，旌旗烈烈，金戈铁马，卷地而来，磅礴巨龙仿佛砰然起舞。

呵——祖国！今天，在我们心头轰鸣的旋律，还是你呀——我们的祖国！

尾　声

一九八四年五月五日。

西安冶金建筑学院礼堂布置得庄重严肃。

共青团陕西省委决定：命名西安冶金建筑学院UIA国际大学生设计竞赛小组为新长征突击队。主席台上，坐满了省委、省团委、省科技部、省高教局及学校领导，还有各报记者，电台记者。

锦旗。奖品。掌声。

可是，主席台上，只有几位他们的代表。同学们早已奔回各自的岗位上去了。也许，现在他们正在设计室画图，正在施工现场勘查，正在旅途中奔波，他们正在用行动谱写一曲新的乐章。

我们是十三个普通的音符。十三，并非灾祸与不祥的代号，与命运争锋的人是能够战胜一切的！

（作者附言：采访中受到西安冶金建筑学院团委大力协助，在此表示感谢。）

· 23 ·

1987 年——"交流憧憬，建设现实"
Communicating Dreams,Building Reality

国际建协北欧分会奖

国际建协澳大利亚分会奖

国际建协匈牙利分会奖

竞赛概况

第十三届国际大学生建筑设计竞赛（IPSA）结果揭晓
西安冶金建筑学院建筑系八七届 11 名同学提供的 3 个集体方案全部获奖

　　这次 UIA 国际大学生建筑设计竞赛活动的口号是"交流憧憬，建设现实"。目的是让不同文化体验和不同国别的人们交流世界上不同居住环境的实际情况和人们对未来的憧憬。

　　1986 年初，UIA 国际建筑师协会外事秘书受国际建协第十六届会议筹委会主席欧文·卢德教授的嘱托，给我院外事办公室寄来了由国际建筑师协会和 (UNESCO) 联合国教科文组织发起及主办的第十三届国际大学生建筑设计竞赛通知书。我院当即回函，表示愿意再次组织建筑系的学生参加此项竞赛。

　　因国际邮件递送延误，收到竞赛通知书时实际竞赛活动第一阶段的准备工作早已开始。在建筑系张缙学、张似赞两位教授的指导下，建筑学专业 83 级程帆等 11 名同学经过一年半的艰苦努力，首先，利用假期组织参赛的同学回到各自的家乡进行社会调查，与不同地区的居民和市政当局的工作人员进行面对面的交谈、讨论，广泛征求意见；尔后，又利用毕业实习的机会到过武汉、长沙、广州、呼和浩特、岳阳、洛阳等地，当然更多的是在西安。通过调查，了解到不少地方的居民住房短缺、卫生条件差、绿地不足等等实情。但同学们认为，这些问题是应随我国经济条件的改善而逐步得到解决的。他（她）们更多地注意到，在现今中国的社会背景下（包括政治的、经济的、历史的、文化的、传统的），如何在"建筑师——大学生"协助下，发挥居民主动精神，团结互助，按照自身切实需要和憧憬，自己动手不断利用现有资源改善居住环境。学生们选定自己家乡城市住宅区或按所熟悉区域组成 4 个参赛小组，着手方案的探讨研究。其中：西安金花落村与韩森寨七村两个住宅群（区）均是原城郊的自然村落，以后才被城市扩展所包括；河南洛阳棉纺织厂家属区为 50 年代新建工人住宅区；湖南岳阳依园巷是位于名胜岳阳楼相邻的城市传统民居。同学们立论于调查研究的科学基础之上，4 个方案的解决办法也各有自己的特色。其次，同学们还利用竞赛组织者不断提供的网络信息，给国内外参赛的同行去信，如给四川的重庆建筑工程学院、国外的阿根廷、丹麦、菲律宾、德国等建筑类院校进行小范围的交流，以求获得有益的启示。直到今年 5 月份，才把最后要表达的概念、构思和图例全部绘制在按规定要求的图纸上，并拍成了彩色幻灯片，终于在 6 月下旬分别将 3 个集体、1 个个人所做的竞赛方案寄到了英国的布莱顿市参加展出并接受国际建协和联合国教科文组织的专家评选。评委会是由 6 位世界著名的、对这次竞赛所涉及的问题极有研究的建筑师、专家加上 6 名以个人身份参加布莱顿会议的来自不同国家的大学生组成。

　　根据国际建协第十六届会议发布的新闻，国际大学生建筑设计竞赛的 13 个方案已在 1987 年 7 月

13 ～ 17 日英国布莱顿召开的 UIA 国际建协会议上获奖。新闻公报说："1985 年提出这次活动的设想是，企图使建筑学大学生的这项主要的设计竞赛活动能够促进人们集中注意建筑师如何能够以切合实际的方式去帮助就地的居住区。此项为期 2 年的设计竞赛活动吸引了全世界数百名大学生提交了参赛方案。在布莱顿工业大学举行了一次展览会，内容有来自 28 个国家的 67 份最佳构思方案，得到了国际建协会议与会代表们的广泛赞扬。"

评定方案能否获奖的标准是看其构思及其生命力，评委所注意的是提出的问题和解决问题所进行的工作。因为获奖方案所得的奖赏是要使这些设计方案能在会后进一步落实，还要资助方案所在地的社区发展。

我院建筑学 83 级李建、何健、程帆、石晶 4 位同学做的是西安金花落村方案，获国际建协北欧分会奖；芦天寿、陈君、韩冬 3 位同学做的是韩森寨七村方案，获国际建协澳大利亚分会奖；康建清、胡文荟、朱亦民、王懿（82 级）4 位同学做的是河南洛阳棉纺织厂家属区方案，获国际建协匈牙利分会奖；另外，任文辉同学个人做的湖南岳阳依园巷住宅区方案在这次发布的获奖新闻公报上无。

这一届获奖的 13 个方案中，我国占了 5 个，有参赛的重庆建筑工程学院 2 个、西安冶金建筑学院 3 个。其他是印度 3 个、英国、泰国、民主德国和菲律宾等国各获 1 个。我院建筑学 83 级程帆等 11 位同学这次参赛再度获奖，是暨 79 级王瑶等 13 位同学获 UIA 国际建协和联合国教科文组织（UNESCO）主办的（IPSA）国际大学生建筑设计竞赛奖的第二次，为祖国、为学院争得了荣誉，值得庆贺。

西安冶金建筑学院
外事办公室 张光 供稿
1987 年 8 月 8 日

获奖通知

IPSA AWARDS - BRIGHTON 1987

ISA: International Project
for Students of Architecture

UIA / UNESCO
Exhibition & Awards 1987
Brighton Assembly
Dates: 9-18 July

The International Project for Students of Architecture, Communicating Dreams, Building Reality, was conceived by students for students in June 1985, as an interactive educational process in which students could act as catalysts in converting the dreams of their local community into a reality. In the subsequent two-year period hundreds of students from all parts of the world have been involved. Firstly with the publication of the IPSA book of student projects communicating the dreams, to other participants allowing a dialogue to take place. Now it has reached its second stage with an exhibition and the assessment of student projects at the IPSA Assembly in Brighton.

The Exhibition consisted of 67 entries from 28 countries. Given the great contrasts in cultural economic and political situations this represents, the fundamental criteria for judgement was the clarity with which the problems were expressed as related to the possible reality of the dream proposed.

Each professional assessor was paired with a student assessor so as to allow a broader discussion of the issues involved.

The Jury were pleasantly surprised to discover that in most of the entries the dreams were fundamentally rooted in reality and hence imbibed with the possibility of realisation.

ISA: School of Architecture
Polytechnic of the South Bank
Wandsworth Road
London SW8 2JZ England

ISA: 12 Flaxcroft Street
London WC2H 8DJ

UIA NORDIC SECTION AWARD ($1,000)   9TH

Awarded to: 41 "MOTIVATING FUNCTION OF RESIDENTS OWN ORGANISATION SYSTEM"

Li Jian, He Jian, Cheng Fan, Shi Jing,
Department of Architecture
Xian Institute of Metallurgy and
Construction Engineering
Xian
Shaanxi Province
Peoples Republic of China

"A detailed analysis of community organisation of the changing needs of the people and thoughtful physical responses to human aspirations."

* * * * *

UIA AUSTRALIAN SECTION AWARD (A $250)

Awarded to: 34 "REVITALISATION OF A VILLAGE WITHIN A CITY"

Lu Tian-Sou, Chen Jun, Han Dong,
Department of Architecture
Xian Institute of Metallurgy and
Construction Engineering
Xian
Shaanxi Province
Peoples Republic of China

"An imaginative proposal to improve the quality of community life, based on first hand experience and a commitment to the residents"

* * * * *

UIA HUNGARIAN SECTION AWARD (Two winners Study Tour Autumn 1989 to International Biannual Workshops - travel from country of origin not included)

Awarded to: 18 "WORKERS RESIDENCE DISTRICT"

Kang Jian-Qing, Huwen-Hui,
Zhuyi-Min, Wang-Yi
Department of Architecture
Xian Institute of Metallurgy and
Construction Engineering
Xian
Shaanxi Province
Peoples Republic of China

"An integrated systematic response to the problem of improving the quality of life in a factory workers residential area"

1987年布莱顿——国际建筑学大学生设计活动（IPSA）获奖名单。

以"交流憧憬、建设现实"为主旨的国际建筑学大学生设计活动，是1985年6月由大学生们为开展大学生活动而设想提出的，是一种能够互相影响，启发的教育过程，大学生在其中可以起到某种催化作用，去促使他们所在居住区的憧憬转化为现实。接着在为期两年中，全世界有数百名大学生参加到此项活动中来。先是在IPSA组织印行了大学生们第一阶段方案图集之后使各种憧憬得以与其他参加者交流，使他们能够进行对话。现在此项活动已进入第二阶段，在布莱顿IPSA聚会上进行大学生方案的展出和评奖。

此次展览会展出了28个国家的67个方案。有了这里所呈现的文化、经济和政治状况的千差万别，评判的根本标准就是要着所提出的憧憬构想应解决的问题表述是否明确。

每位专业评委都配有一位大学生评委，以使对有关问题能作更广泛的研讨。

评委会惊喜地看到大多数方案其憧憬基本上都是植根于客观现实的，因而也就包含了实现的可能性。

国际建协与联合国教科文组织主持国际建筑学大学生设计活动1987年获奖名单。

国际建协北欧分会奖（一千美元）

并列第五名授予第41号方案："发挥居民自组织系统的作用。"

李建、何健、程帆、石晶
中国、陕西、西安冶金建筑学院建筑系

"这是一份对适应居民不断变化需求的社区组织的细微分析，并对人类的追求所作的深思熟虑的物质环境应答。"

国际建协澳大利亚分会奖（澳币二百五十元）

授予第34号方案："对一座城市中的乡村的更新"

芦天寿，陈君，韩冬。
中国陕西西安冶金建筑学院建筑系

"从亲身体验和信赖居民出发设想改善居住生活质量的建议。"

国际建协匈牙利分会奖（两名获奖者1989年秋天来参加两年一度国际讨论会的学习旅行——不包括国际旅费）授予第18号方案"五人住宅区"

康建清，胡文荟，朱亦民，王魏
中国陕西西安冶金建筑学院建筑系

"对一个工厂的工人住宅区改善生活质量问题的综合而系统的答案。"

冶金部发来祝贺

冶 金 部 便 函

87冶教便（高）字第028号

西安冶金建筑学院：

你院外事办公室张光同志撰写的"第十三届国际建筑学大学生设计活动（IPSA）竞赛结果揭晓——西安冶金建筑学院建筑系八三届十一名同学提供的三个集体方案全部获奖"的报导部领导已阅并给予高度赞扬。在此谨向为竞赛付出辛勤劳动的教师和学生，并向你院表示祝贺！希望你们再接再励，在提高办学质量上，更上一层楼。

冶金部教育司

一九八七年八月二十六日

西安金花落村方案——国际建协北欧分会奖（图纸 1）

国际建筑师协会（UIA）大学生建筑设计竞赛获奖作品集（1984—2017）

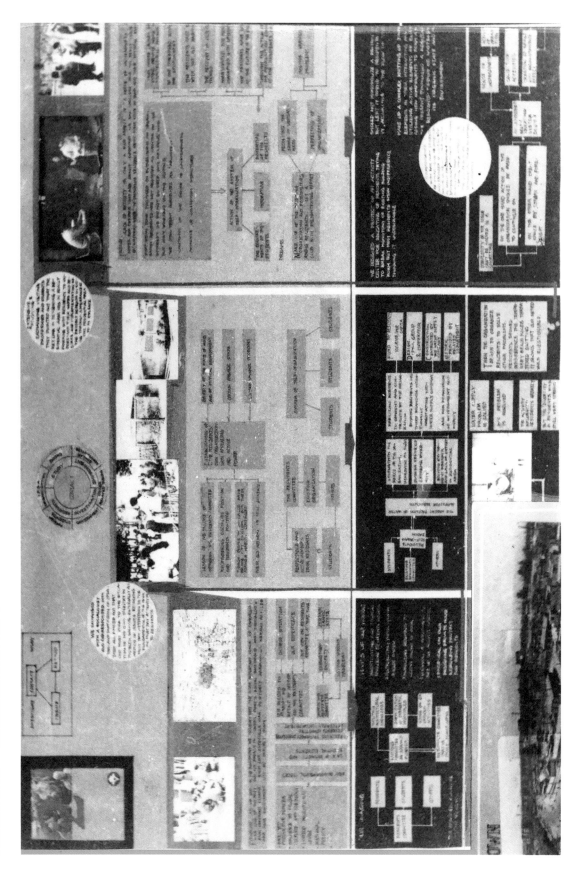

西安金花落村方案——国际建协北欧分会奖（图纸2）

西安金花落村方案——国际建协北欧分会奖（图纸 3）

西安金花落村方案——国际建协北欧分会奖（图纸 4）

国际建筑师协会（UIA）大学生建筑设计竞赛获奖作品集（1984—2017）

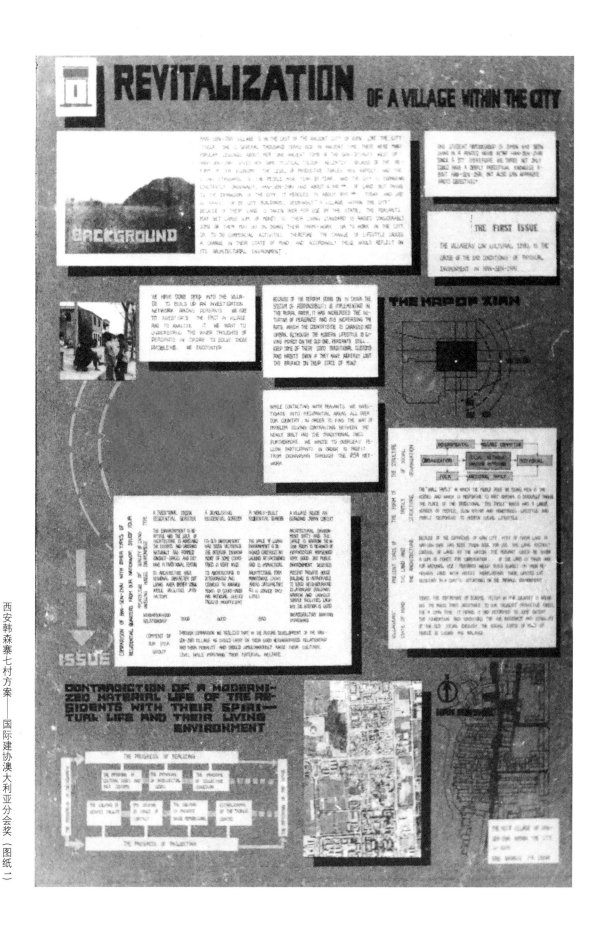

西安韩森寨七村方案——国际建协澳大利亚分会奖（图纸一）

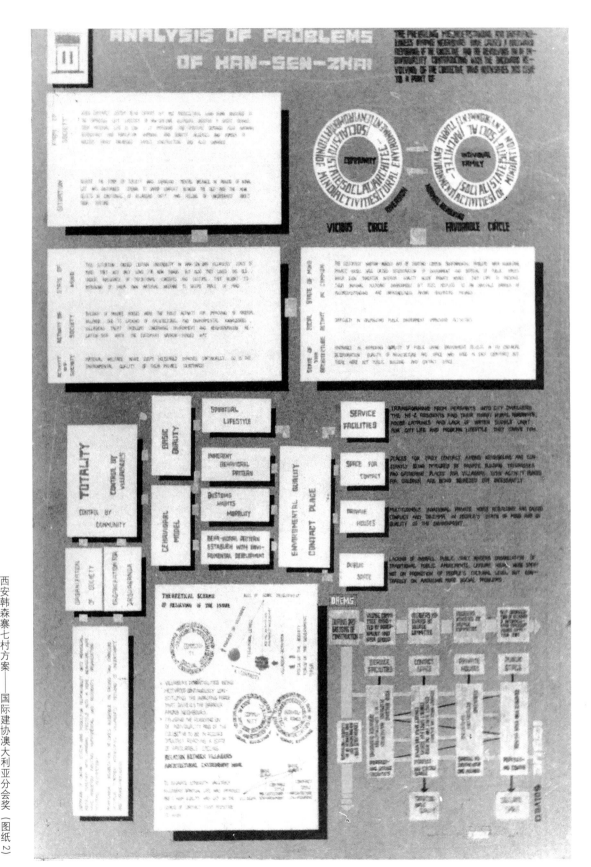

西安韩森寨七村方案——国际建协澳大利亚分会奖（图纸2）

国际建筑师协会（UIA）大学生建筑设计竞赛获奖作品集（1984-2017）

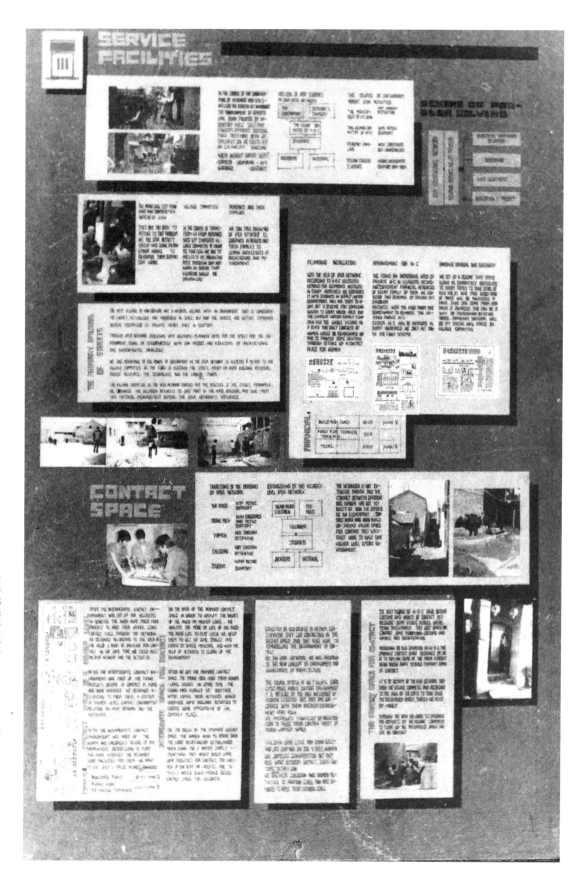

西安韩森寨七村方案——国际建协澳大利亚分会奖（图纸3）

西安韩森寨七村方案——国际建协澳大利亚分会奖（图纸4）

河南洛阳棉纺织厂住宅区方案——国际建协匈牙利分会奖（图纸1）

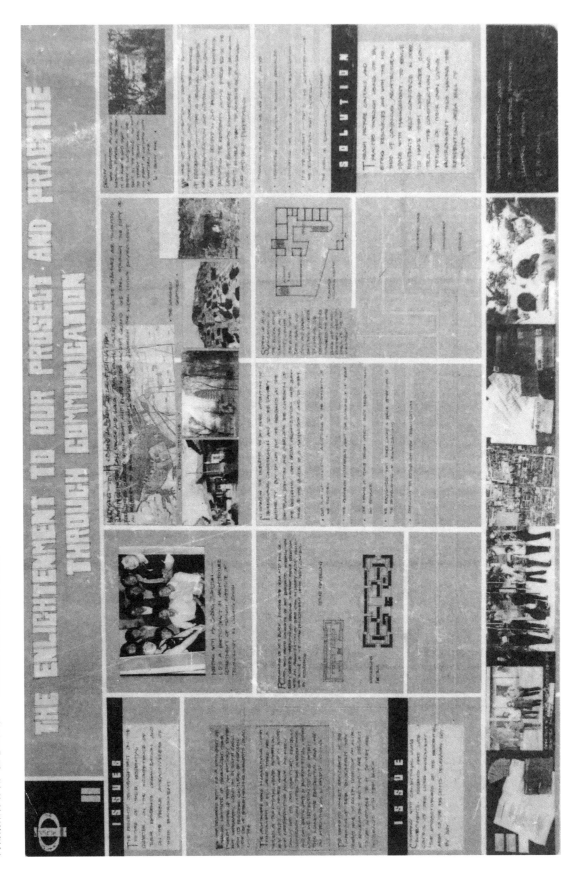

河南洛阳棉纺织厂住宅区方案——国际建协匈牙利分会奖（图纸2）

河南洛阳棉纺织厂住宅区方案——国际建协匈牙利分会奖（图纸 3）

竞赛后续——批准程帆等学生继续对获奖方案作进一步深化优化的科研报告

科 研 申 请 报 告 书

院领导：

　　我是冶院 83 级的建筑学专业学生，在 1987 毕业设计时，在张缙学、张似赞两位教授的指导下，参加了由联合国教科文组织和国际建筑师协会联合主办的世界建筑学大学生竞赛，并获得北欧分会奖。方案是围绕着位于西安东郊的金花落村在城市化过程中的演化和设想展开的。根据奖金的花费精神（由国际建协提出的）和方案进展情况，我和方案组的其他同学：何健（现冶院研究生）、李健（现机械部七院助工），希望仍在两位张老师和系、院其他领导帮助下，借助于所获奖金，将原方案进一步深化，以及围绕着此类问题开展科研活动，希望给予帮助。

　　另外附我个人有关情况：我叫程帆，是当时竞赛组学生组长，毕业后留校任教。1987 年底曾赴联非德国多特蒙德大学规划系举办了有关我们获奖方案的座谈会。1988 年 9 月写的一篇题为《都市里的村庄》论文在全国青年建筑师论文竞赛中获"优秀论文奖"（第一等），并发表于《建筑学报》杂志 1989 年 3 月号上。今年 3 月和其他几位同学参加了主题为"绿洲"的国际竞赛（同样在两位张老师的指导下）。现在考上张缙学老师的研究生，研究方向为"居住环境"。

申请人　程帆

附件：生活主义建筑（Living Architecture）——《在城市化过程中的探索——调研选题报告》

　　对程帆的申请，经建筑系和院外办商议，根据 UIA 国际大学生建筑设计竞赛获奖通知的精神和他们提供的调研选题报告，应同意他们继续将获奖方案进一步深化优化和改进完善。特准从所获奖的经费中资助人民币 2000 元（详见附件）。

（张光 供稿）

国际建筑师协会（UIA）大学生建筑设计竞赛获奖作品集（1984-2017）

西安冶金建筑学院

（顶部手写批注）
同意从获奖的经费中支出
或作元作考落实设计方案
的调研实施费用 一定要有计
划，按步骤的进行。报帐
时要见身体成果。 张光
5月28日晚

科研申请报告书

院领导：

我是冶院83级的建筑学专业学生。在1987毕业设计时，
在张缙学、张似赞两位教授的指导下，参加由联合国教科文
组织和国际建筑师协会联合主办的世界建筑学大学生竞赛，并获
得北欧分会奖。 方案是围绕着位于西安郊的金花落村在城市
化过程中的演化和设想尺度开的。 根据奖金的花费精神（由
国际建协提出的）和方案进尺情况，我和方案组的其它同学：
何健（现冶院研究生）、李健（现机械部七院助工）希望仍在
两位张老师和系院其它领导帮助下，借助于奖金，将方案进
一步深化，以及围绕着比甲奖问题开尺科研活动。 希望给予帮助。

另外附我个人有关情况： 我叫程帆。是当时的竞赛组学生组长。
毕业后留校任教。 87年底曾赴西德多特蒙德大学规划系举办了有
关我们获奖方案的研座谈会。 88年九月写的一篇题为《都市里的
村庄》论文在全国青年建筑师论文竞赛中获"优秀论文奖"（第一期）
并发表于《建筑学报》杂志 1989、3月号上。 今年3月和其它12位同
学参加了有关在 主题为"绿州" 的国际竞赛（同样在两位张老师的指导）
现在考上张缙学老师的研究生。 研究方向为"居住环境"。

申请人：程帆

001142.863

科研报告申请书

livinism

主义
生活建筑（*living architecture*）
在城市化过程中的探索 —— 调研选题报告。

人类有史以来的建筑活动、尽管在不同的时期、也在表现上有

所不同侧重、但作为建筑活动的基础，则始终是人类的生活。正

象人类的生活是五彩缤纷的一样、人类生活所赖以开展的场所也应

是七色的，但自从西方产生革命之后，建筑思潮中理性主义不断

发展、最后某些方西甚至发展到形而上学的地步。在欧为，现在的

现代主义的出现 标志着西方社会已认识到形而上学的理性主义整端

但他们已经失去了许多~~在积极意义~~地方文化、特色、

积极意义的生活所赖以生长、发展的"根"、"流"。而在我国，随经济

的发展,这些有积极意义的生活"流流"面临着中断的危险。

（10×20=200）　　第 1 页

生活建筑（living architecture）认为：建筑反映时代的社会生活方式、哲学思想，是从人类的生活的各个内容去发掘（如人的立体意识、习俗等），建筑的建造完成，并把这过程当作进程的完成。

建筑的视线是使用者和建筑师长期规造与经营的进程，而设计则是生活哲学和生活艺术加上软体细微的结合。

生活内容

在农村，生活的基本单元是村落。在这些地区许多多元而比城市的自然丰富，但随着城市化，情况就发生了变化。我国城市化的模式可归结为二类：

模式一：

模式二：（它类似乡村的瓦型，对城市的发展的作用很大）

在模式一中，城市放飞的自然村落正在被迅速发展的城市所吞食。丧失土地的农民转为城市居民，昨天的自然村落一部分完全消失于城市中，一部分则失去了熟知的家园但社会网络依存，另一部分在转换为今日城市的一部分——被认为都市里的村庄。关于都市里的村庄在画世界默考虑和讨论，做过一些探讨。现在还有许多问题需要去开发与深入，有许多问题需要继续研究如：

① "都市里的村庄"本身的价值。

② 如何才能保留和发展把握其效能成为城市的有机组成部分。

② 其与城市大结构的关系，与周围场所的关系。

④ 其本身如何改善以及前景。

⑤ 其的理论意义——将成式的生态建筑文化。

对于模式二，我国城市化的特点，加上现行政策，使城市化的表现是农民离土不离乡。农村城市化是成为一个历史进程，不是将大量的人口输入城市的过程，而是农村的生产水平、收入、生活条件不断向城市接近的过程。在这其间，某些村镇由于地理、经济、政治、文化等因素的作用发展已成为集镇或初级城市。可以看出，这些村镇的瓦形对于它的进化过程影响很大。它的内魂表现更加明显。

现在工作价值在世纪的第一步是大量收集资料和深入细致地调查，同时进行多方的协作与配合，使我们加入整体的工作系统中去，这样我来的成果才能达到一定水平，希望系领导和老师多给予帮助。

程嵘　1989. 6. 10.

住所与城市——建设未来的世界
——参加 UIA 第十六届大会的汇报（摘要）

王建毅

国际建筑师协会（UIA）大学生建筑设计竞赛获奖作品集（1984~2017）

1987 年 7 月 13 ~ 18 日，应国际建协（UIA）第十六届大会组织者——英国皇家建筑师协会的邀请，我有机会参加这次以"住所与城市——建设未来的世界"为主题的建筑师盛会，能够参加这一世界建筑师最高级别的会议并与他们共济一堂讨论全球性的城市环境建设问题我感到十分荣幸和终生难忘。

在这次大会的论文征集过程中，组织者共收到来自 52 个国家的 183 篇论文，国际评委会从中评选出了 24 篇收入第十六届国际建协大会论文集，并同时邀请文章的作者赴会宣读论文，组织专题研讨会。这次论文征集，我国共入选 3 篇，也是入选论文数量最多的国家。另两位论文的作者：一是重庆建筑工程学院的唐璞教授、二是西北建筑工程学院的张耀曾副教授也应邀参加了会议。

我们三人于 1987 年 7 月 11 日晚从北京启程赴布莱顿。同机赴英参加这届大会的还有中国建筑代表团 11 人，代表团团长为清华大学的吴良镛教授。成员还有彭培根（中国大地建筑事务所董事长、总建筑师）、王天锡（中国建设部北京事务所总建筑师）、张祖刚（中国建筑学会副秘书长）以及其他省、市、区的建筑师代表。经过近 18 个小时，5 万多公里的飞行，7 月 12 日伦敦时间上午 10 时许我们一行人安全抵达伦敦，中国驻英使馆和国家旅游局驻英办事处的同志迎接了我们。当天，我们就乘伦敦——布莱顿的市际快车抵达会议地点布莱顿市。

到达布莱顿后，在会议中心面见了大会秘书 C.J.Green 女士，她安排我去布莱顿大学住宿。按大会议程的安排，我于 7 月 13 日下午准时在会议注册处报到，领取了会议材料和出席证，傍晚参加了由布莱顿市市长特邀的欢迎酒会。14 ~ 17 日，从开幕式到闭幕式，我自始至终参加了会议的所有活动。

国际建协（UIA）第十六届年会的会议地点布莱顿市，是英国著名的旅游城和会议城。本届年会的中心议题是"住所与城市——建设未来的世界"。围绕着这一主题分为三个重要部分——城市；邻里；住所展开学术交流。本届大会的主题也是为纪念联合国 1987"国际为无家可归者提供住房年"而确定的。这届大会着重为解决发展中国家的城市与住所建设和发达国家城市的更新、发展和住所环境建设问题提出新的理论原则与方法。通过参加这届大会，使我切实感到国际建协第十六届年会不仅对于解决上述问题具有重要的学术意义，而且对于人类未来生存空间的建设具有鲜明的政治性和社会意义。正如国际建协主席 Mr.Geogi.Stoilov 所指出的："国际建协布莱顿大会将对这些重要的和困惑的问题予以解答……。在第三个一千年,要建设新的,团结和繁荣的世界文明,而建筑师将成为人类走向未来历史征程中的先锋。"

国际建协第十六届年会，以其重要而鲜明的主题吸引了来自世界 80 多个国家和地区近 3000 名建筑师莅会。参加这届年会的中国代表有 14 人，也是历届大会中国派出代表人数最多的一次。7 月 14 日，在隆重的开幕式上，国际建协主席 Mr.Geogi.Stoilev 发表了"住所与城市——建设未来的世界"的演说。围绕着这一主题，从 7 月 14 日下午～17 日上午，开展了丰富多彩的学术交流活动。在大会的各主要分会场以"城市""邻里"和"住房"三个独立部分为专题展开了交流和研讨。除入选论文的 24 位作者应邀宣读论文组织讨论外，大会还邀请了一些国际著名的规划师与建筑师、各专业学术团体作专题演讲。按会议议程，我的论文报告《促成社会凝聚力的邻里公共空间》被安排在 15 日下午 2 时，地点是 Metropol 旅馆分会场，报告形式为专题讨论会。临行前，为组织好这次演讲，我翻拍和实地拍摄了近 200 张幻灯片，将论文中的一些内容形象化并作了补充完善。由我宣读论文并结合幻灯片阐述报告内容、观点。由于会场设备优良，使报告的内容得以较为清楚的阐述。在演讲过程中和结束后，国际同行们还提出了一些问题，我一一作了简要的回答并听取了同行们的见解。这期间也参加了另外一些关于"城市""邻里""住所"议题的研讨会。14、15 日和 16 日晚，我还参加了世界著名建筑师 Reima.Pietila、Richard.Rogers 和 Nbrman.Foster 的专题报告会。

在 17 日下午的闭幕式上，首先通过幻灯片介绍了 1990 年国际建协第十七届年会会址——加拿大蒙特利尔（Montreal）的市容环境。随后，执行主席宣读了国际建协（UIA）第十六届年会的《布莱顿宣言》，15 时 35 分，举行国际建协的颁奖仪式，其中有一项就是 UIA——UNESCO 第十三届大学生建筑设计竞赛奖。因为在这一届的竞赛中，我院建筑系的学生是参加竞赛并提交过三个方案的。当我在会场的座席上，听到我院获奖一事后，随即去新闻发布中心，取回了刚刚发出的获奖名单，分发给在座的中国代表们，并随身携带了两份，回国后带给了外办领导和获奖的指导教师。在大会现场，能听到我院获奖的喜讯，使我切身感受到一种荣誉感，在座的中国代表团成员亦有同感。

发奖结束后，英国皇家建筑协会主席 Rod.Hackney 和国际建协主席 Stoilov 分别作了 5 分钟的简短讲话。7 月 17 日 16 时 10 分，本届大会的执行主席 Owen.Luder 致闭幕辞，历时 5 天的国际建协（UIA）第十六届年会隆重闭幕。

第十六届大会是继十五届大会"建筑师现在和未来的使命"主题的深化，围绕着建设未来世界的主题。本届大会从宏观和微观方面提出了未来城市与建设的发展趋势及一些新观念新方法，"建设未来的世界"——专业信息，归纳起来包括以下几个方面：

1. 环境危机与建筑师的社会使命；

2. 环境对社会、对民族文化发展的重要意义；

3. 建设适于生活的城市和建筑；

4. 反思现代建筑运动，寻求新的思考方法；

5. 寻求一种新的社会意识，促使国家、地方机构和个人参与建设；

6. 充分利用本地资源进行民族自救；

7. 培养新型的"社团建筑师"；

8. 城市设计——一种必要的职业训练。

国际建协第十六届年会为全球的环境建设提出了许多课题，同时，也为我们当前中国的城市与住所环境建设提出了课题。从宏观方面，参加这届年会后我的体会是：

1. 要走自己的路。我们国家目前所面临并亟待解决的问题与发达国家完全不同，因此，建设中国未来的世界，必须立足我们的现实，深入中国的城乡进行社会调查，运用新思想、新方法、新技术，走出一条适合于中国未来发展的环境建设道路。

2. 要满怀自信心。我们完全有可能扭转西方国家发生过的失败和教训，促使我们"超越性"地走向未来，只要我们能掌握好新思想新观念新方法，通过利用本国资源和劳动者的创造性，我们一定能建设好适合人民生活的未来城市建筑，对此应满怀自信。

3. 要改革建筑教育。建设未来中国的城市和乡村，要依靠具有第一流的规划师和建筑师。我们有必要反思学校的建筑教育，包括目标、观念、方法与手段。

通过参加这次年会，不仅了解了国际上的有关专业信息，更主要的还在于增强了为建设祖国未来环境的信心。作为青年教师，不能辜负党和国家及前辈们的期望，要为建设中国的美好未来和繁荣民族建筑文化而添砖加瓦。

（张光 节选并打字）

附件：国家《建设报》头版报导

附件三.

建设报
JIANSHE BAO

1987年7月21日　星期二　农历丁卯年六月二十六日　每周二、五出版　第58号　（代号1-77）

连设报迁址
建设同志承前纪念.
令上作为汪报
重庆院
高群

北京市住宅建设总公司深化改革
小区造价包干活企业利国家

都人民建房二百八十万平方米，向国家上交税利二千三百三十三万元三年内利润增长百分之三十九点三，产值增长百分之八十九点九，为首居首位

本报讯　以住宅小区建设为主的北京市住宅建设总公司，自1984年起，对承建的21个住宅小区、392万平方米的建筑工程，采取对外实行住宅小区平方米造价包干，对内实行承包经营目标管理责任制。这一改革，较好地解决了企业吃国家"大锅饭"和职工吃企业"大锅饭"的问题，使企业由"眼睛向外"转向"眼睛向内"，提高了投资效益，促进了企业自我发展。三年来，总产值增长了89.9％，竣工面积增长了13.6％，利润总额增长了39.3％，为首都人民建房280万平方米，向国家上交税利2333万元。

过去，住宅小区建设一般采用预算加治商的作法，施工中"扯皮"多，环节多，投资无底，效益不高。实行造价包干，由施工单位根据建设单位提供的规划平面图和工程项目表进行测算，组成包干单价，将工程投资、配套费用、工期、质量承包下来，除材料调价、扩大规模、改变功能、增减项目等因素外，造价一次包死。将在今年底竣工交用的位于北三环路的五路居和西坝河住宅小区，总建筑面积115万平方米，257个栋号，高层建筑占68.8％，各种配套工程齐全。采用小区平方米造价包干的形

考核不走过场干部
建设部机关干部考核工作善始善终

干部群众普遍反映，这次考核评议动真格

本报讯　建设部机关干部考核工作顺利结束，最近对考核认为继续担任现职有级干部调整了职务，并作了到有上有下，打破了"干部下"的老观念。考核干部受到广大干部和群众的好评。

这次考核工作是在建设导下进行的，根据中组部的重点是131名局院级以上领能勤绩四个方面考核，重点思想作风。在具体方法上群众评议相结合，定性考结合，通过述职报告、民结果与干部升降奖惩结合点抓好评议。在民主评议强调走群众路线，让大家话，并规定了考核纪律，对提意见的同志有打击报以处理。由于采取评议发记名和无记名填写测评等办法和措施，从而调动自己权力的积极性，90％加了民主评议。

建设部机关和在京单位，十分重视和注意抓群织调整的兑现落实。为了

应国际建筑师代表大会第十六届学术讨论会邀请
我国三名建筑师赴英宣读论文

本报讯　国际建筑师协会（UIA）第16次代表大会学术讨论会7月13日在英国伦敦举行。我国有三名建筑师应邀参加会议并宣读论文。本届学术讨论会共入选24篇论文，我国居首位。

国际建筑师协会代表大会是国际建筑界最高级别的学术会议。本届会议是由英国皇家建筑学会受国际建协委托而举办的。中心

议题是为纪念国际住房年，围绕住宅问题撰写以"城市与住房"为主题的建设明日世界论文。重庆建筑工程学院建筑系教授唐璞的《星火计划》、西北建工学院建筑系副教授张耀曾的《关于传统与现代生活》、西安冶金建筑学院建筑系青年教师王建毅的《关于邻里的聚合的公共空间》三篇论文均被入选。

（李建宁）

国际建筑师协会（UIA）大学生建筑设计竞赛获奖作品集（1984-2017）

1990 年——"一所含有回忆与期望的居住生活环境的今日之住宅"

A Today's Courtyard House in the Older Neighbourhood

联合国教科文组织奖（最高奖）

竞赛概况

　　本届竞赛的主题是"一所含有回忆与期望的居住生活环境的今日之住宅"。要求设计方案既能唤起人们对过去生存环境的联想，又能满足人们对未来物质、精神生活的向往；还要表现参赛者自己所在国度、地区住房的"现时"功能特征；同时，参赛者设计的住房的空间质量与整体构成，还应考虑居住者的实际需要和理想追求，为其个人自我抒发留下充分的余地。

　　由岑兆缨、邓康、葛晓林、姜立军、田军、王文、袁东书、杨彤、杨晔等9名学生组成的设计小组在李觉、刘辉亮两位老师的悉心指导下，以西安市柏树林三学巷老住宅区为对象，提交了一个名为"老邻里区中的一座今日三合院住房"的设计方案。该方案既表现出我国传统大家庭的气氛，可唤起全体居民团结一致、同舟共济的情感，又表现出现代化家庭的生活环境，形成个人、家庭、近邻这三个层次的完整系统。

　　这个设计方案荣获"联合国教科文组织奖"——本届国际竞赛的最高奖。这也是我国大学生首次在这项全球最高规格的竞争中获得的最高荣誉。为此，国际建筑师协会本届大会协调主席克里斯蒂·塞伯格先生向我校致函祝贺，著名建筑学者、两院院士清华大学吴良镛教授专门发来贺信，联合国教科文组织驻华代表泰勒博士专程来我校向获奖的大学生颁奖。

学校召开颁奖大会

陕西省原副省长张斌在第 14 届国际建筑学大学生设计竞赛最高颁奖大会上讲话

第 14 届国际建筑学大学生设计竞赛最高奖颁奖大会在我院举行。
图为颁奖大会主席台：前排左－何保康院长，中－联合国教科文组织驻华代表泰勒，右－陕西省原副省长孙达人

联合国教科文组织驻华代表泰勒博士
在 1990 年国际建协 UIA 颁发的教科文组织奖颁奖大会上的讲话
（1990 年 10 月 8 日）

尊敬的何保康教授、尊敬的来宾、获奖者、女士们、先生们：

今天我感到十分高兴能和诸位一起，在这里向获得联合国教科文组织奖从而为贵校争得荣誉的各位男士和女士们颁奖。

首先，请允许我向何保康院长和贵院的全体教职员工表示衷心的感谢。感谢你们克服众多困难组织这一次颁奖会，设法安排获奖者重返母校。使得诸位获奖者从中国四面八方汇集于此，这项工作可能比获奖本身更为困难。

众所周知，联合国教科文组织奖每三年（届）授予一次。它是从全世界各个建筑类院校经过竞争后而确定的。它是联合国教科文组织的宣传纲领〝社会和文化演变中的未来城市〞这一问题的组成部分。国际建协 UIA 组织的世界大学生建筑设计竞赛已历时多年，但从 1969 年起设立了联合国教科文组织奖。1990 年竞赛的主题是〝一所含有回忆与期望的今日之住宅〞。有 185 件作品参加竞赛，其中 20 个方案被初选成功，然后提交由国际著名建筑师组成的评委小组进行评比。何保康院长告诉我，这已是贵校学生第三次获得国际建协 UIA 大学生建筑设计竞赛奖了，这真是极大的荣誉。

这次获奖方案是对竞赛主题深刻和正确理解的表现，中国的建筑传统素以强调自然与人类相互和谐统一而著称于世。竞赛获奖方案在体现传统中国民居的同时兼顾了当代生活的舒适性和技术进步。对于这一耸立的砖面结构的建筑获奖方案，我们祝贺你们，年轻的建筑师和你们的导师、学院的全体教工。你们为之付出的所有努力，不知有多少个不眠之夜和牺牲的节假日都得到了补偿。何院长告诉我，你们全体成员共同努力达五个月之久，当然，我们在此可不必多谈这些牺牲。你们的努力没有白费，你们的竞赛方案获奖将使你们在今后的工作中深受其益。由于你们的天赋和训练有素，由于获奖的激励，我祝愿你们依靠你们创造工作将使我们的生活更加富有。

这次竞赛的主题〝一所含有回忆与期望的今日之住宅〞正是非常恰当地表现了一个新纪元的开端。我们感到骄傲并寄希望于未来。这正是需要年轻有为的建筑师们为之奋斗的最好课题。

在此我谨代表联合国教科文组织荣幸地为各位颁奖。

获奖者请依次上台：

岑兆缨、邓康、葛晓林、姜立军、田军、王文、袁东书、杨彤、杨晔

（翻译稿）

关于联合国教科文组织（UNESCO）的介绍

《联合国教育、科学及文化组织》，其英文全称是：（United Nations Educational Scientific and Cultural Organization）其简称是：（UNESCO）。

简称联合国教科文组织（UNESCO），是联合国系统的专门机构之一，成立于1946年。总部设在法国巴黎，有会员国150多个。其宗旨是：推动各国在教育、科学和文化方面的合作，促进各国人民之间的相互了解和维护世界的和平与稳定。

该组织主要设大会、执行局和秘书处。秘书处是日常工作机构，分成若干部门，分别实施教育、自然科学、社会科学、文化和交流领域的业务活动，或进行行政和计划工作。该组织在亚洲、非洲和拉丁美洲设有地区办事处。亚洲及大洋洲地区教育办事处设在泰国曼谷。

该组织的主要活动是召开各种专业和专门会议，交流情况和经验；开展国际合作，培训人员；交流情报资料，为会员提供咨询并推动签订有关教育科学文化方面的合作公约。

目前教科文组织的工作分为五个方面：

教育：①召开地区性教育部长会议，讨论教育政策问题并对教科文组织在本地区的教育活动和国际合作问题提出建议；②在各地区举办各种类型的研究班，进修班和培训班，为会员国培训师资和教育行政干部；③应会员国的要求，派出专家担任政府教育部门的顾问和教师；④提供奖学金，组织发展中国家的留学生到发达国家学习；⑤帮助发展中国家兴办学校，提供教学仪器和设备；⑥研究世界教育动向问题，出版教育刊物和著作。

自然科学：①召开地区性科技部长会议，协助会员国制订和协调科技政策；②组织基础科学研究，培养基础科学人员；③组织科技情报交流；④组织某些学科的国际合作科研项目，如生态、地球水文和海洋等学科。

社会科学：①组织"人权"与"和平"问题的研究、宣传和教育活动；②组织社会科学的国际合作和有关社会经济分析方法的研究、运用和人员培训活动；③开展有关人口问题的研究、宣传和教育活动以及对人的居住条件和社会文化环境的研究；④组织关于青年问题及青年如何在社会中发挥作用的研究；⑤组织哲学和跨学科的研究。

文化：①组织各地区文化的研究工作；②组织文化遗产的保护和展出工作，制订有关保护世界文化遗产的国际文件，培训文物保护人员；③组织国际文化发展活动；④组织国际文化交流。

交流：①定期召开地区性交流政策会议，协助会员国制订交流政策；②开展有关交流问题的调查报告，组织经验交流；③通过举办短训班等形式，帮助发展中国家培训新闻工作者；④促进书籍的出版、发行和情报工作。

中国是教科文组织的创始国之一。1983年，教科文组织在北京设立了办事处。该处除执行本组织的若干科技合作项目外，还执行了由联合国开发计划署（United Nations Development Programe）简称（UNDP），资助的总额为 800 万美元的十五个项目。另有七个包括大学、中学教学方法现代化、改善少数民族教育及强化外语教学等方面的项目。十年来，教科文组织资助一批中外学者专家，来华讲学或出国进修，授予 200 多名中国学者以奖学金，出国深造和研究。此外在遥测技术、有机化学和地震预报等领域，也建立了一批合作项目。

——西安冶金建筑学院外事办公室张光供稿

文汇报相关报道

贺　　　电

西安冶金建筑学院：

　　欣闻你校建筑系九名学生在第十四届"建筑学大学生国际竞赛"中不畏强手夺得最高奖——"联合国教科文组织奖"。这是你校师生继第十二、十三届竞赛获奖后又一为国争光、为校增誉之举，充分反映了你校师生高度的爱国主义精神，是你校学术水平的体现，是你校教学科研的又一丰硕成果。特向你校全体师生和获奖者表示热烈的祝贺！望你们戒骄戒躁，为培养更多更好的社会主义建设人才，为冶金教育事业的发展做出更大的贡献。

冶金工业部
一九九〇年七月十一日

冶金工业部发来贺电

吴良镛教授发来贺信

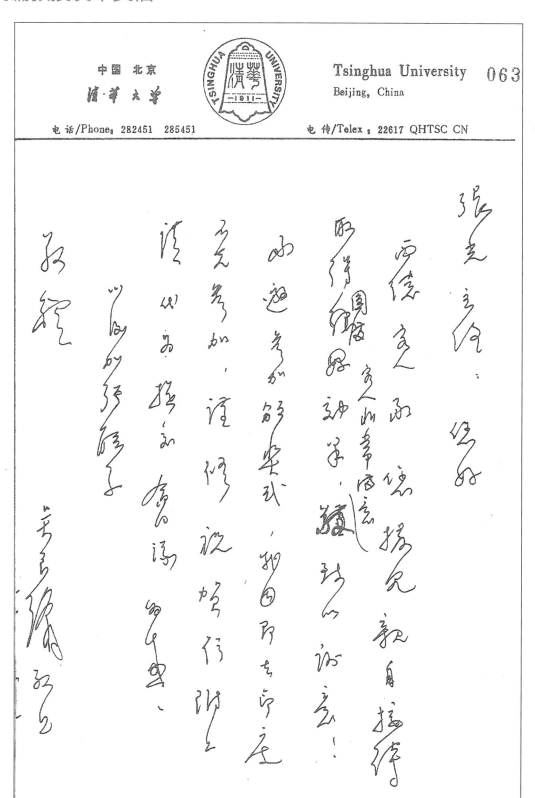

中国 北京
清华大学
电话/Phone: 282451 285451

Tsinghua University 063
Beijing, China

电传/Telex : 22617 QHTSC CN

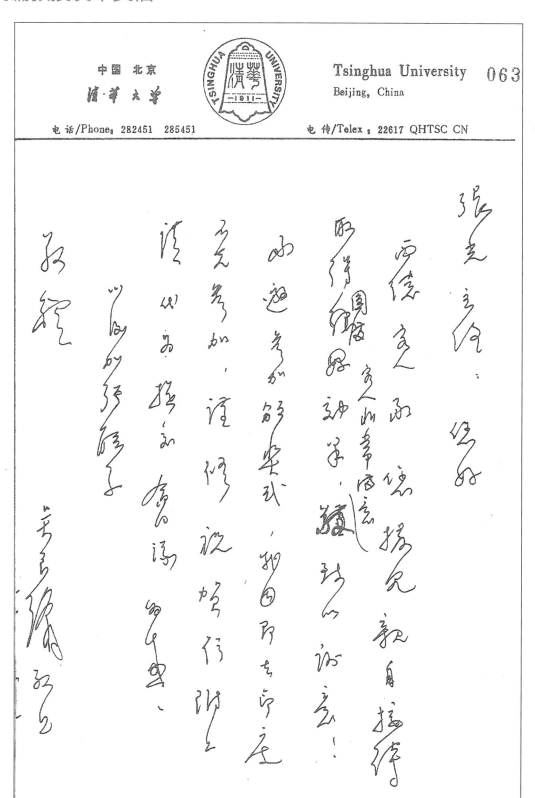

国际建筑师协会（UIA）大学生建筑设计竞赛获奖作品集（1984-2017）

吴良镛教授发来贺信

中国 北京
清華大学

电话/Phone：282451　285451

Tsinghua University
Beijing, China

电传/Telex：22617 QHTSC CN

064

西安冶金建筑学院
建筑系全體老师同學：

欣悉贵院建筑系教师和师生应邀参加国家科文组织紧密联系在来判会，並蒙印你们以为荣展览，为位增光。记，你们創造性地将中国建筑文化去纪你也界，赢得了国际声誉，为中国建筑师增光，谨向您好祝贺。此间颁獎仪试将在西安举行，承蒙盛情遮请如蒙参诉，特因即将赴印度参加亚洲建师年會，不克应迎，至以为歉，特修此函，聊光庆贺。希望贵院在今後几年中取得更大的成就！

此致
敬禮

吴良镛

"老邻里区中的一座今日三合院住房" ——以西安市柏树林三学巷老住宅区为对象（图纸1）

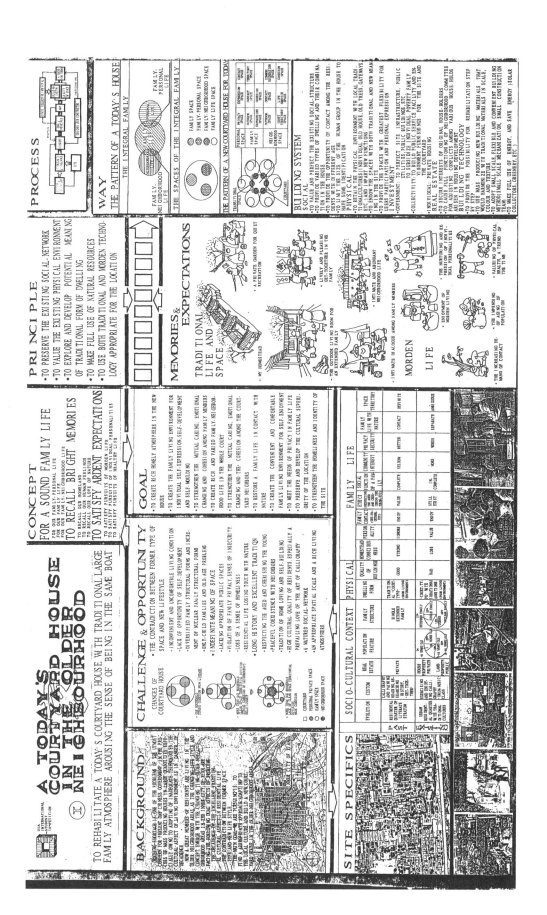

"老邻里区中的一座今日三合院住房" ——以西安市柏树林三学老巷老住宅区为对象（图纸2）

国际建筑师协会（UIA）大学生建筑设计竞赛获奖作品集（1984—2017）

1993 年——"可持续发展的社区方案——构想探索"

Ideas Exploration—A Call for Sustainable Community Solutions

美国建筑师协会奖

竞赛概况

　　本届竞赛题目为"可持续发展的社区方案——构想探索"，是一个与人类生存发展密切相关的主题。由艾洪波、陈健、戴军、邓向明、金晓曼、刘向东、马健、钱浩、桑红梅、叶蕾、张群、张彧、张潮辉、赵琳等14名同学组成的设计小组在王竹、李觉两位老师的悉心指导下，提交了一个名为"西安传统居住社区的更新改造"的设计方案。经过国际评委认真的评选，此方案在全世界406个参赛方案中名列第三，荣获本届国际大学生建筑设计竞赛"美国建筑师协会奖"。

指导教师总结

结合国际大学生设计竞赛进行毕业设计教学

王竹

国际建筑师协会（UIA）大学生建筑设计竞赛获奖作品集（1984－2017）

1993 年在深化教学改革的进程中，我校建筑系结合建筑学专业毕业设计的教学环节，参加了由联合国教科文组织（UNESCO）和国际建筑师协会（UIA）共同主办的第 15 届国际建筑设计竞赛。

于 1993 年 6 月份在美国芝加哥市国际建协第 18 届年会上宣布评选结果。由教师指导的我校建筑学 93 届毕业班的 14 名学生小组提交的方案——"西安传统居住社区的更新改造"，在有 50 个国家和地区参赛的 406 份方案评出的 8 份最优秀学生方案中，荣获第三名——美国建筑师协会奖。

这是我校建筑系学生连续第四次在这项强手如林的最高级别的国际大学生建筑设计竞赛中获奖，是世界上唯一连获殊荣的学校，在国内外引起了很大的反响，为国家争得了极大的荣誉。

结合国际设计竞赛进行毕业设计教学，这是我校建筑学专业教学改革过程中的重要组成部分，也是长期以来的教学指导思想。这对于提高教师和学生的理论水平，拓宽专业视野，注意追踪现代建筑发展的趋势，注重学生的智能开发和综合思维能力的培养，全面提高专业技能，逐步建立起完整的理论体系等方面，都产生了积极的意义，有力地推动了教学内容的更新，并及时了解和把握住了最新的信息，使建筑理论和建筑设计教学与国际发展趋势始终能够保持同步。

国际建筑师协会主持的这一周期性（3 年一届）设计竞赛的主题，一直是围绕建筑领域中关乎国计民生乃至人类生存的居住环境和住宅规划设计问题，反映了建筑理论发展中带有方向性的总趋势。在即将进入 21 世纪的今天，人口急剧增长，资源枯竭，能源匮乏，环境污染严重，生态平衡遭到破坏，文化的失落以及社会的畸形发展等等，这些对人类未来生存和持续发展构成日益严峻的威胁，成为我们今天面临的主要课题。

第 15 届竞赛的题目是《可持续发展的社区方案——构想探索》（Ideas Exploration—A Call for Sustainable Community Solutions）。这里提出了一个目标更为远大的环境生态问题。竞赛题头引用了美国建筑师 B·富勒的名句："……整个人类正陷入到一种史无前例的灾害中，如果任其自然发展下去，则可能使人类自身不再能够在地球上生存，如何才能保证千秋万代人类与其他生物在地球上存活下去？给我们提出了严峻的问题"。这是一个与人类生存发展密切相关的主题。如何构想出一种能够不浪费和破坏自然资源、不破坏生态平衡，又有利于居民身心健康发展，不致衰竭废弃而永葆青春的人工环境。题目可以从以下几个方面来着重探讨问题：①能源和其他资源如何合理利用；②建筑材料和建筑物如何有益于人类健康发展，也有利于保持生态平衡；③土地如何利用和城市生态问题；④各方面的相互影响，有机综合，全面探讨。我们此次参赛经过分析研究，所采取的是有机综合的方式，以求全方位地把握课题的背景、概念、意义和目标。

我们这次结合毕业设计教学参加国际设计竞赛的动机和指导思想是明确的：参加竞赛，争取获奖不是我们的唯一目的，而是要通过参加这一活动坚持教学改革，坚持结合社会实践性教学的深入，全面提高教学质量，提高师生的理论水平和专业素质。同时它的意义在于结合现实问题，关注、了解和把握建筑理论发展中的新动向，掌握最新的信息，引导和培养学生深入实际，观察和认识社会，提高发现问题、综合分析问题和解决问题的能力。

由于国际设计竞赛的特殊性和影响的重要性，又由于这是 3 年一届进行的最高等级的竞赛，对于同学们是极其有利和难得的机会。参赛同学的积极性都非常高，这为深入进行研究提供了一个很好的条件，也是真正调动个人潜力，发挥主观能动性，自觉钻研和探索的保证，把参赛作为推动自我完善和全面提高的学习过程。而现代科学研究的特点又强调集体合作精神，这又要求我们在自我调动的同时，加强群体意识和集体协作的观念，正确认识和把握个人创造和集体合作的统一，充分发挥分工合作的优势、群策群力、共同攻关。

由于这次国际建筑设计竞赛的特殊要求，又是目前全球范围内最迫切需要解决的问题，与以往历届我们参加的竞赛相比，难度更大，不仅理论性强、要求高、时间短（仅两个半月），主要是涉及许多相关学科和跨学科的内容，无论是学生还是教师都缺少这样大范围的知识，甚至对某些内容完全是陌生的，而对学生来说，此类课题和研究的方法又是首次接触。这就要求在教学指导思想、教学内容和教学方法上，有针对性的进行调整和突破，同时，在演化教学改革的过程中也具有探索和创新的意义。

目标明确以后，首先进行补课。在指导教师的带领下，利用寒假的时间，克服种种困难进行课题研究，要求同学尽可能查阅大量跨学科的相关书籍和资料，了解和把握相关学科整体的理论动向，并请来了其他有关专业的教师进行答疑和讨论，力求较系统地补充和提高学生的专业理论基础和扩大知识结构，每个同学都写出了大量的笔记和对课题的认识、理解等。学生们反映以前从来没有在短时间内读这么多书，掌握如此多的信息，以及对专业的重新认识。经过第一个阶段的以个人读书和小组讨论的方式，使大家有了一个比较统一、比较正确的认识，为进一步深入研究打下了基础。

第二阶段是要建立整体的理论框架，明确指导思想和原则，分析寻找解决问题的突破口和正确途径。在确定课题研究的技术路线时，出现了不同的看法，并有很大的争议。由于任务书中特别强调物质、技术等问题，一部分同学提出要紧紧围绕任务书，扣住主题，沿着任务书制定的条条进行课题研究，否则容易跑题。这是参加设计竞赛所必须考虑的问题；而另一部分同学则认为，如果仅遵循任务书中所提出的内容，跳不出限定的框框，比较局限，另外，也不易做出特色，不易全方位地去把握课题的总目标。两种意见各有其道理和依据，究竟该如何决定，问题摆在了指导教师面前。以学生为主体，又充分发挥教师的主导作用，这是正确把握教与学的基本思想，也是我们历次参加国际设计竞赛中所遵循的重要一点。特别是在分析研究的方法上，在一些有导向性的问题上，以及对课题的把握和决策上，更应该体现教师的主导作用。

经过教师认真分析和慎重考虑，在正确引导和讨论后，最后大家达成了共识。一致认为：我们应该更广义地来理解课题所提出的背景、概念、意义和目标，从对建筑本质的思考入手，把对人类生存环境持续发展的研究放到以自然环境和社会环境为横轴以历史和社会的发展为纵轴的体系中去把握，立足于本土，脚踏实地，把世界性趋向与我们研究的实际结合起来，整体地分析研究影响社区持续发展的诸多因素，寻求解决问题的正确途径。

最后的结果证明了这一决策是正确的，在国际建协权威性的评委会报告中写道："看来人们对可持续性的物质实体方面问题的关注甚于对其社会经济和文化方面的可持续性的关注。评委会一方面承认这一点对于已经从事建筑事业者或正在学习建筑学的大学生来说可能是很自然的倾向。但同时也注意到这是一种作茧自缚的约束，是由于自我造作形象所致。一旦要去探求可持续性问题之时，这一点就站不住脚了。因此当发现有些方案紧紧把握住可持续性充满文化色彩的复杂性时，不禁令人感到特别可喜。其中最优秀的方案显示了可能预见到的发展道路和演变过程。"

课题组的师生们分析到我国当前经济发展迅速，从城市到农村正在发生翻天覆地的变化，在一派大好形势之下，问题的另一方面被掩盖了。在农村，大片的良田被侵占，乡镇企业盲目发展，环境遭受到严重污染，资源被破坏，能源被浪费，翻新的农宅整齐划一，拓宽的道路笔直通畅。长时间构筑起来的社会网络，地方文化和熟悉的环境氛围在变革中被肢解、破坏泯灭了。面对家乡的巨变，富裕后的自豪，到了该冷静下来思考的时候了：在我们得到所向往的同时，是否失去了太多太多我们所拥有的？而在城市，由于盲目使用不适宜的现代技术手段，在居住环境中我们看到的是兵营式的排排房，冷漠而没有个性，缺少安全感、归属感和人情味，使我们的生活环境在社会和文化方面都呈下降的趋势，特别是具有古老文化传统的城市特色及传统居住社区面对的是更为紧迫的问题。

是步西方工业国家的后尘，还是探索一条符合我国国情，能够持续发展的道路？是要我们必须回答的问题。带着以上问题，课题组选择了历史文化名城西安的传统居住社区的更新改造作为实例，来把握理论思想在实践当中的运用。

首先以城市整体为背景，进行城市的综合调查分析，明确城市的性质，以及历史演变过程。并对城市各子系统进行了深入的分析论证。使同学们掌握了城市环境的一般分析理论与方法，认识到建筑的社会属性、文化属性和历史属性，学会在城市的整体环境中把握和体现建筑文脉。

接下来师生们深入到现场，走访居民，发放居民意见调查表，掌握了第一手的大量材料。并对所在区域的社会组织结构、生活方式的演变、城市生态环境、空间形态结构等诸多因素进行了系统的分析论证。研究重点着眼于"人"，着眼于今天人们整体生活的全面需求，尊重传统社区中的社会组织网络及环境的形态结构。通过这个历史形成的社区环境的全面研究，特别是采用当今科学研究协同工作的方法，使得同学们的潜力都得到了充分的发挥，特别是主导同学的作用。在小组分工合作的过程中又使每个同

国际建筑师协会（UIA）大学生建筑设计竞赛获奖作品集（1984-2017）

学在短时间内了解和把握了更广泛的内容以及多角度地思考问题，不断地调整和完善自己的认识。同时，培养了同学口头表达自己观点的能力。经过这个阶段的工作，产生了一系列的分析框图、模式图、问题的因果链条，以及解决问题的基本途径等。这样便能很形象、直观、简明和整体地把握研究问题的过程以及观念设计的基本构架。为进一步深入进行研究工作打下了良好的基础。这一过程是以往学习过程中所缺乏训练的重要一环。

通过以上各阶段的工作，逐步建立起了较完整的可持续发展社区建造理论体系，主要涉及下面几个方面：①通过合理的建造体系影响和促成每一个社会成员形成维护人类社会与自然环境的持续发展的观念；②建立持续发展的社区在理论观念、规划设计、营造建设、环境的物质形态和使用管理的整个过程中的充分依据；③进行整体、全面和综合地研究社区建设的内外环境和形态结构；④社区建造体系必须适应居民生活方式的演变及对公用服务设施、基础设施和活动场所的全面需求；⑤充分发挥现代科学技术的优越条件，并把握其应用方向，促进社区的持续发展；⑥对传统哲学及价值观的反思；⑦从传统社区建设的文化遗产中汲取与自然融洽的宝贵经验，充分体现建造体系的地方文化；⑧节地节能节材，最大限度地发挥资源的效益。

在这种思想体系的支配下，针对具体社区进行空间环境的形态设计，就有了充分的理论依据以及明确的目标，并使其充分体现在建筑及环境设计的形态中。这样就使得分析论证、理论建构、规划设计、开发建设和使用管理等全过程成为一个有机的整体。

最终的成果，强调将图纸设计与文字专题阐述结合，强调分析论证、观念设计和方案设计全过程的综合表达。

同学们在紧张、充实的短短两个半月的时间内，圆满地完成了研究课题，交上了一份优秀的答卷。在国际评委会的报告中写道："该方案提供了一个优秀的实例，将有关可延续性的诸多问题与历史、文化和行为模式有机地结合为一个整体。"

——《建筑学报》，1995-8

国际建筑师协会（UIA）大学生建筑设计竞赛获奖作品集（1984—2017）

A CALL FOR SUSTAINABLE COMMUNITY SOLUTIONS

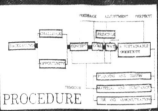

PROCEDURE

BACKGROUND

THE WORSENING GLOBAL ENVIRONMENT AND THE SERIOUS DESTRUCTION OF THE ENVIRONMENT HAVE BECOME THE MOST POPULAR CONCERNS IN THE WORLD, THE DESTRUCTION OF THE OZONE LAYER, GLOBAL WARMING, ACID RAIN, DESERTIFICATION, THE DECREASE AND EXTINCTION OF WILD SPECIES, SOIL EROSION, THE SERIOUS POLLUTION OF SEAS AND FRESH WATER, THE SHORTAGE OF ENERGY AND RESOURCES, ETC. ALL OF THESE THREATEN THE EXISTENCE AND SUSTAINABILITY OF HUMAN SOCIETY.

HENCE, PEOPLE BEGIN TO EXAMINE THE PAST AND THINK OF HOW TO KEEP THE HUMAN SOCIETY DEVELOPING SUSTAINABLY.

IN CHINA, THE LOESS PLATEAU IS FORMED BY THE COVER OF LOESS ON ANCIENT LANDFORMS, WHERE THERE ARE NUMEROUS GULLIES AND COMPLICATED TERRAIN.

ON THE LOESS PLATEAU, THERE ARE A LOT OF UNDERGROUND VILLAGES——CAVE DWELLINGS, WHICH HAVE BEEN EXISTING FOR SEVERAL THOUSAND YEARS. SO FAR THERE ARE STILL MORE THAN FORTY MILLION PEOPLE LIVING THERE. NOT ONLY IS IT WARM IN WINTER AND COOL IN SUMMER IN THE CAVE DWELLING, BUT ALSO IT IS EASY TO BUILD AND SAVE ON ENERGY AND RESOURCES. HIDING IN NATURE, THE CAVE DWELLING CAN MAKE FULL USE OF THE SPACE OF A HILLY AREA, YET NOT DESTROY THE NATURAL ECOLOGY OR OCCUPY GOOD FIELDS. THEREFORE, IT MAY BE CALLED "THE GENTLE ARCHITECTURE".

WITH THE RAPID DEVELOPMENT OF MODERN TIMES, HOWEVER, THIS KIND OF LIVING STYLE FACES SERIOUS PROBLEMS:
- IT LACKS THE INTEGRATION CHARACTER BECAUSE OF ITS SPONTANEOUS AND UNPLANNED DEVELOPMENT. IN MOST AREAS IT CAUSES LARGE WASTE AND DESTROYS THE ENVIRONMENT.
- THE TRADITIONAL SPACE FORM COLLIDES WITH THE MODERN LIVING STYLE.
- THE RELEVANT INFRASTRUCTURE IS NOT GOOD. IT IS DAMP AND LACKING IN SUNSHINE.

BECAUSE THESE URGENT PROBLEMS CAN NOT BE SOLVED FOR A LONG TIME, THE INHABITANTS TEND TO REGARD THE CAVE DWELLING AS A SYMBOL OF LAGGING BEHIND. THEY DESERT THOSE CAVE DWELLINGS AND BUILD HOUSES ON THE GROUND. THE NATURAL ENVIRONMENT IS DESTROYED HEAVILY. THE OLDER LIVING NETWORK IS IN DANGER OF DISAPPEARING.

IN VIEW OF THE REASONS MENTIONED ABOVE, OUR GOAL IS TO SEEK A NEW SYSTEM OF CONSTRUCTION FOR MODERN CAVE DWELLINGS IN ORDER TO PROMOTE THE SUSTAINABLE DEVELOPMENT OF THIS KIND OF COMMUNITY. IT SHOULD ADAPT TO THE LOCAL NATURAL ENVIRONMENT AND MEET THE OVERALL NEED OF PEASANTS FOR MODERN LIVES AND PRODUCTION. AT THE SAME TIME IT SHOULD ALSO BE ABLE TO PROMOTE THE SUSTAINABLE DEVELOPMENT OF SOCIAL CULTURE, LAND USE AND ECOLOGICAL ENVIRONMENT.

CHALLENGE & OPPORTUNITY

CHALLENGE
- THE PUBLIC TAKES THE WRONG CONCEPTUAL PATH.
- ENERGY CRISIS AND RELATIVELY INEFFICIENT USE OF RESOURCES
- BUILT ENVIRONMENT THAT LACKS VITALITY

OPPORTUNITY
- THE GROWTH OF HUMAN ENVIRONMENTAL CONSCIOUSNESS
- THE ADVANTAGE OF MODERN SCIENCE AND TECHNOLOGY

CONCEPT

CULTURAL SUSTAINABILITY
- TO CALL FOR RESIDENTS' KNOWLEDGE OF TODAY'S VALUE OF TRADITIONAL CULTURE
- TO PRESERVE AND EXPLOIT TRADITIONAL CULTURAL RELICS ON A HIGHER LEVEL

ECOLOGICAL SUSTAINABILITY
- TO CALL FOR PEOPLE'S LOVE FOR NATURE
- TO SET UP THE CONSCIOUSNESS OF ECOLOGY SO AS TO PROMOTE THE "BENIGN" CIRCLE OF COMMUNITY ECOLOGY

SUSTAINABLE USE OF ENERGY AND RESOURCES
- TO STRENGTHEN CITIZENS' CONSCIOUSNESS OF ENERGY
- TO USE LOCAL RESOURCES IN CIRCLE

GOAL

THE FORMATION OF AN ECOLOGICAL SYSTEM WITH A "BENIGN" CIRCLE AS OPPOSED TO A VICIOUS CIRCLE

WAY

[SOCIETY, CULTURE]

[POLICY]

[PHYSICS]

[TECHNOLOGY AND TECHNIQUES]

[ARTISTIC]

DESIGNING PROCESS

- MAKE FULL USE OF NATURE
- DESIGN/ADAPT TO LOCAL CLIMATE

BUILDING PROCESS

- PROTECT ORIGINAL ORIENTATION OF THE SITE
- USE LOCAL MATERIALS
- PEOPLE PARTICIPATE ON BUILDING

USAGE AND MANAGE

PRINCIPLE

- COMMUNITY CONSTRUCTION SHOULD BE IN SOUND HARMONY WITH THE PROTECTION AND IMPROVEMENT OF NATURAL ENVIRONMENT
- LAND USE SHOULD BE ON THE BASIS OF THE EVOLUTION OF ECOLOGICAL ENVIRONMENT, CONTEXT OF LAND USE AND LIVING STYLE
- THE USE OF NATURAL RESOURCES SHOULD BE CYCLICAL
- HISTORICAL AND CULTURAL RESOURCES SHOULD BE PRESERVED AND MADE FULL USE OF
- COMMUNITY CONSTRUCTION SHOULD SUIT MEASURES TO LOCAL CONDITIONS
- LOCAL FEATURES SHOULD BE REFLECTED IN DESIGNS
- TRADITIONAL TECHNIQUES SHOULD BE LINKED WITH MODERN ONES
- COMMUNITY CONSTRUCTION SYSTEM SHOULD MEET THE OVERALL NEED OF LOCAL RESIDENTS LIVING STYLES

POPULARIZED VALUE

CHINESE LOESS CAVE DWELLINGS' DISTRIBUTION

- WIDE DISTRIBUTION
- LARGE POPULATION

GEOGRAPHICAL FEATURES OF THE LOESS PLATEAU

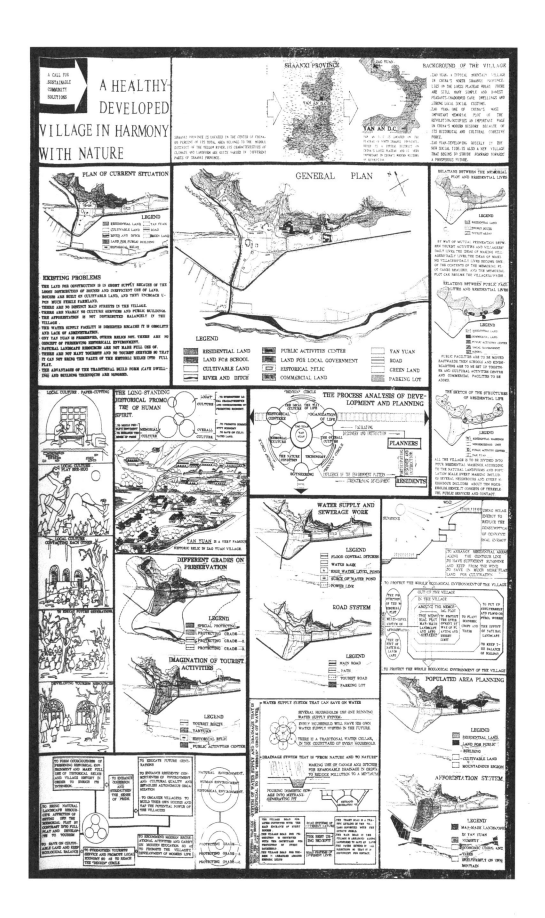

『西安传统居住社区的更新改造』（图纸2）

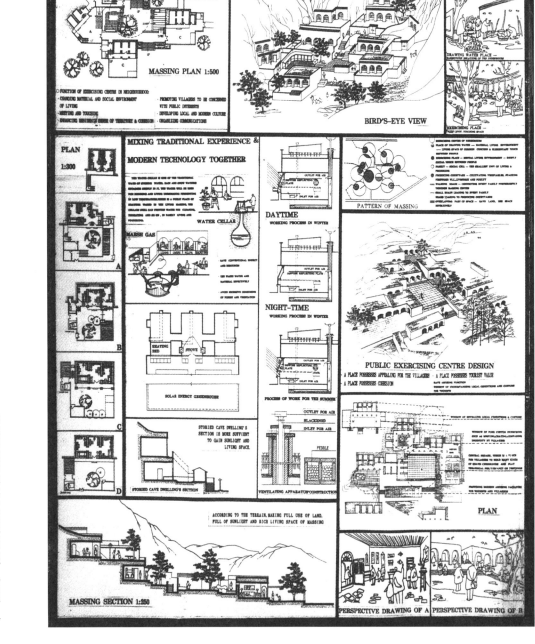

国际建筑师协会（UIA）大学生建筑设计竞赛获奖作品集（1984—2017）

『西安传统居住社区的更新改造』（图纸3）

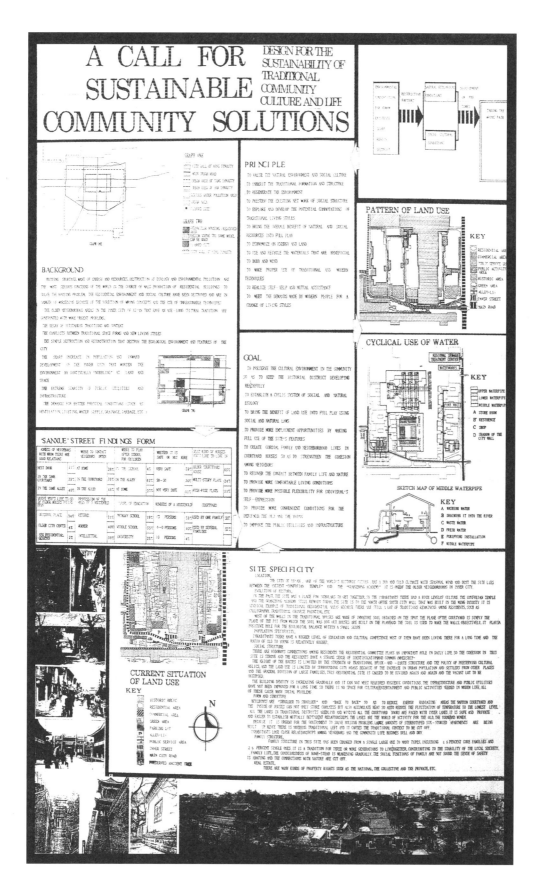

国际建筑师协会（UIA）大学生建筑设计竞赛获奖作品集（1984—2017）

『西安传统居住社区的更新改造』（图纸4）

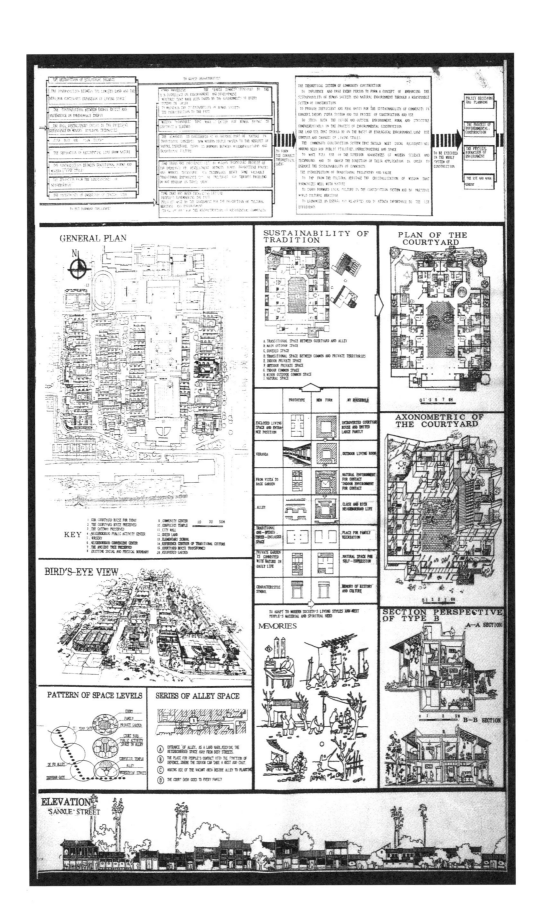

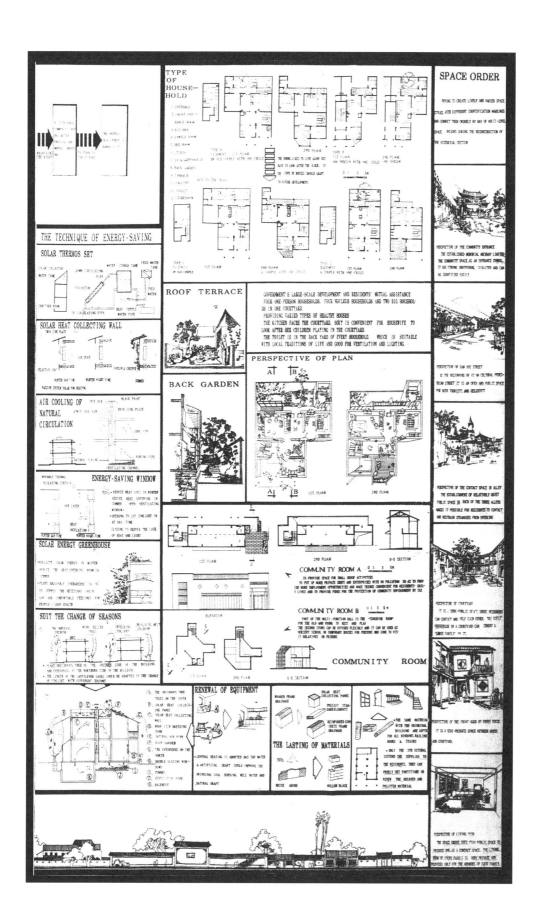

『西安传统居住社区的更新改造』（图纸 6）

1999 年——"21 世纪的城市住区"

Urban Housing for the 21st Century

优秀作品奖

竞赛概况

　　本届竞赛的题目是"21世纪的城市住区"，针对世纪之交人类居住环境日趋恶化的状况，围绕联合国《伊斯坦布尔宣言》关于改善人类居住环境质量这一主题，要求参赛者在本国自选一真实地段，进行一中等规模居住区的设计。由常海青、尤涛、朱城琪、陈景衡、白宁、徐淼、陈琦、史晓川、里锬、单延蓉、武岗、俞锋、谭琛琛、刘芹、武浩杰、郑冬铸、赵海东、刘航、钮冰、付小飞等20名同学组成的设计小组在肖莉、张似赞两位老师的悉心指导下，以西安市正学街的旧住宅区为选题对象，提交了一个名为"在家里工作"的设计方案。这个方案以因特网的广泛应用为基础，为21世纪在家里工作的正学街居民提供了开放而宁静的居住环境，让远离拥挤和嘈杂的居民们在工作时靠近亲情友情，从而享受自由、自在、自为的生活方式。经过国际评委的认真评选，在来自全世界的466个参赛方案中，此方案获本届国际大学生建筑设计竞赛"优秀作品奖"。

获奖证书

1999 International Student Confrontation
"URBAN HOUSING FOR THE 21ST CENTURY"

**The Society of Colombian Architects Prize
and an Architectural Society of China Prize**

are awarded to

Chang Haiqing, You Tao, Zhu Chengqi, Chen Jingheng, Bai Ning, Xu Miao, Chen Qi, Shi Xiaochuan, Li Tan,
Shan Yanrong, Wu Gang, Yu Feng, Tan Chenchen, Liu Qin, Wu Haojie, Zhen Dongzhu, Zhao Haidong, Liu Hang,
Ni Bin, Fu Xiaofei

*School of Arhitecture, Xi'an University of Architecture and Technology
(People's Republic of China)*

The Jury

Krzysztof Chwalibog, Rod Hackney, Peter Rowe, Salah Zaky Said, Liangyong Wu

*UIA World Congress, Beijing (People's Republic of China)
25 June 1999*

迈向 21 世纪的城市住区
——记 UIA（国际建协）第 20 届大会及第 17 届国际建筑专业学生设计竞赛

周若祁、刘克成

UIA 国际建协第 20 届大会国际建筑专业学生设计竞赛评选工作于 1999 年 3 月 26 日胜利结束，来自 UIA 国际建协五个分区的五位国际评委，从全球 446 个方案，1338 份图纸中评选出 20 个获奖方案。我国学生取得优异成绩，共有 7 个方案获奖，并且再次夺得第一名：联合国教科文组织奖，为祖国赢得了荣誉。

今年 6 月，UIA 国际建筑师协会第 20 届大会即将在北京召开，这是 UIA 国际建协成立半个世纪以来，首次在亚洲举行大会。按国际建协惯例，为吸引和激励青年建筑师关注人类聚居环境问题，积极投身于建筑事业，UIA 国际建协和联合国教科文组织配合大会举办国际建筑专业学生设计竞赛，至今已举办了 16 次赛事。我国大学生于 80 年代中叶开始参加 UIA 国际竞赛即获优异成绩。1984 年（12 届）至 1993 年（15 届）西安建筑科技大学学生连续四届获奖，并于 1990 年荣获第 14 届国际建筑专业学生设计竞赛第一名：联合国教科文组织奖。

第 17 届竞赛的题目是《21 世纪的城市住区》，竞赛要求参加者围绕"联合国人居二"的有关文件，针对环境危机的严峻挑战，在本国自选一真实地段，进行一中等规模居住区的设计。

正如《伊斯坦布尔宣言》所指出的那样，人类正面临着"日趋恶化的居住环境"的严峻挑战，改善人类居住环境的质量已成为全球性的跨世纪主题之一。建筑师必须为不同的国家找出相应的解决问题的思路；在青年建筑师投身于这项事业之时，必须使他们的工作与具体的国家、地区和人民的要求相一致，必须综合全球性的经济、社会与环境方面的考虑，以保证能够改善全人类的整体居住质量。

这次竞赛的目的是鼓励执行联合国的人类住区议程和其他关于人类居住问题的文件。同时，它也提供一个相互交流思想，特别是关于下个世纪人类将要面临的主要问题的想法的机会。这些问题包括：环境、自然资源、地区文化与全球化的冲突、适宜技术、城市化等等，藉此竞赛期望将大学生们的构想、首创精神和活力集合起来，使建筑教学单位及其学生能超越文化和地域的分野，为共同关注和解决世界面临的一些基本问题作出积极的贡献。

竞赛题目引用中国唐代伟大诗人杜甫的诗句"安得广厦千万间，大庇天下寒士俱欢颜"和联合国人居二《伊斯坦布尔宣言》的一段话"在我们迈向 21 世纪的时候，我们憧憬着可持续的人类住区，期盼着我们共同的未来。我们倡议正视这个真正不可多得的、非常具有吸引力的挑战。让我们共同来建设这个世界，使每个人有个安全的家，能过上尊严、健康、安全、幸福和充满希望的美好生活。"作为竞赛的主题。

在世纪之交举办的此次竞赛具有巨大的感召力。至 1999 年 1 月 31 日竞赛截止，竞赛组委会共收到全世界五大洲 56 个国家和地区共 701 组报名，实际收到 446 个方案，创 UIA 世界大学生设计竞赛最高纪录，是 UIA 国际建筑专业学生竞赛历史上最为广泛，参赛组数最多的一次竞赛。

参赛方案的按区分布情况如下：西欧区 83 个，中东和东欧区 50 个，美洲区 86 个，亚洲及澳洲区 198 个，非洲区 11 个，UIA 非成员国 18 个。参赛方案图面丰富多彩，制作精美，手法多样，表现清晰，反映了不同国家建筑教育的特色和 20 世纪建筑教育的成果与进步。

由 UIA 五个区的代表罗德·哈克尼（Rod Hachney Ⅰ区）、克日什托夫·查理博格（Cryztof Chwalibog Ⅱ区）、彼德·罗尔（Peter Rowe Ⅲ区）、吴良镛（Wu Liangyong Ⅳ区）、萨拉赫·扎基·赛义德（Salah Z. Said Ⅴ区）教授，组成评委会，在中国西安对 446 个参赛方案进行了认真严肃的评选。

竞赛评判的标准包括：创造性；对特殊居住问题的实践性解答；在传统城市中将设计融入城市肌理的成功尝试；在新兴发展的城市中对新城市模式的创造性设想；对环境、气候、经济、地区化和技术的适宜的考虑等方面内容。

1999 年 3 月 24 日，评选委员会经过 6 轮反复认真研究，并考虑各地区的差异，从 446 个参赛方案中，评选出 20 个获奖方案，其中 1 个最优奖，5 个地区奖，14 个优秀奖。

评委会认为：此次竞赛是 UIA 国际建协历史上最成功的一次竞赛。参赛方案题材广泛，触及世界各个角落，涉及社会、经济、文化、生态、技术等各个方面，表现出新一代未来建筑师的敏感、热情和创新精神，反映了学生在综合经济、社会与环境因素，改善全人类的整体居住质量，保护全球环境，努力把可持续发展的生产、消费、交通与居住模式付诸实践，促进历史、文化、宗教等方面的保护工作以及相关的建筑、景观、公共空间等的改建、重建和发展地方建筑学等多方面的思考。

评委会认为鉴于世界不同地区和不同城市的复杂性和多样性，准确评判一个方案的优劣是困难的。UIA 建筑专业学生竞赛的主要目的是吸引和激励更多的青年人投身于建筑事业中，没有获奖的方案也有许多值得注意的思想。

为鼓励全世界广大学生积极投入到建筑事业中来，评委会破例在 UIA 非成员国学生提交的方案中选择 4 个方案，以示鼓励。希望在不久的将来，这些国家能够加入 UIA 国际大家庭。

UIA 大学生国际竞赛是全球最具广泛性的建筑专业学生竞赛，自 UIA 国际建协成立，UIA 大学生国际竞赛是第一次在中国，也是在亚洲举办。此次工作的组织形象不仅关系着中国的声誉，也代表着亚洲的水平。受 UIA 国际建协第 20 届大会科委会委托，西安建筑科技大学承办了此次设计竞赛，做了大量出色的工作，陕西省和西安市政府也给予了有力支持，使竞赛得以成功的举行，评委会对此给予了高度的评价。

在竞赛评选的同时，五名国际评委在西安建筑科技大学作了五场精彩的学术报告。吴良镛教授：《起草＜北京宣言＞的若干思考》、彼德·罗尔教授：《公共空间和意大利锡耶那（Siena）的围合广场》、萨拉赫·扎基·赛义德教授：《当代地区建筑学：老开罗城的传统住宅》、罗德·哈克尼教授：《社区建筑学》、克日什托夫·查理博格教授：《全球化与建设环境的人类尺度》。

来自全国各地，特别是西北五省（区）的建筑师和学生代表参加了报告会。听众反应热烈，提问不断，国际评委对学生高质量的提问印象深刻。报告会极大地丰富和活跃了西北地区的建筑学术气氛。

在评选结束以后，举办了评选结果新闻发布会和 UIA 西安第 17 届国际建筑专业学生设计竞赛作品展开幕式。吴良镛教授代表 UIA 北京第 20 次国际建筑师大会科委会发表了热情洋溢的讲话，罗德·哈克尼教授代表评委会宣读了竞赛结果和评委会报告，来自全国各地的几千名观众参观了展览。

正如吴良镛教授在上述讲话中指出：这次竞赛的成功说明中国建筑师是有志气、有能力的。只要我们能真正做到从自己的地区出发，努力地学习国外的先进经验，同时也不忘记根据本国的情况进行创造，那么中国的建筑就一定能屹立于世界建筑之林。

UIA 国际建协北京第 20 次大会的序幕已经在中国西安拉开。

——《建筑学报》1999—5

"在家里工作"（图纸1）

Housing Web
http://www.zxj housing.com.

Work at Home
A VIRTUAL URBAN HOUSING
IN 21ST CENTURY

File Edit View Go to Collect Help

Backward Forward Stop Refresh Manage Search collect History Channel Full screen Font Print

Address
http://www.zxj housing. background.com
http://www.zxj housing.site.com
http://www.zxj housing.construction.com

During the past 100 years, different architects around the world built up so many urban houses. Surely more urban houses will be built in the new century. And the overriding task of Architecture and Planning for the 21st century should be to make our 20th century urban housing launching on the way of sustainability.
Our ZXJ district is such a 20th century old town living quarter.

"East and west, home is best."

For so many centuries, residents of ZXJ have been humming the tune of "Home, Sweet home". And after so many centuries, at the threshold of the 21st century, the people working out have started their way home again. Work at home, away from crowding and noise, such work will become a source of happiness. Work at home, side by side your dear ones, and enjoying family happiness together. Work at home, for a free, easy and self-expressing way of life. Back home! Work at home! This will converge into a trend of this old town living quarter on the way of sustainable development.

The INTERNET facilitates "Work at home".

Our project is not a project in an ordinary sense. The designers based on the INTERNET, and established a virtual community hosted by the ZXJ urban living quarter toward sustainability. The designers think that: the future of any urban living quarter is in the hands of its residents, and the role of architects lie in helping residents to achieve "Work at home", the 21st century urban residents will possess two worlds——the actual and the virtual. The virtual one will help people to actually live better: the virtual community has been left an open world, only one corner of this virtual world has been exposed to the residents, waiting for the 21st century residents' incessant cultivating and perfecting.

This is a service system for residents of ZXJ district who want to be working at home in the 21st century.

You will be happy joining us!

AS A WINDOW, you will discover a New World at home.

AS A BRIDGE, it will help you retrieve memory and expectation.

AS A KIND OF NEW SPACE for community public life, it will help you to meet new friends and chat with pleasure.

AS ONE OF NEW INFRASTRUCTURE of urban housing, it will provide helpful and easily available information.

You are the one that understands yourself best. Your future is in your own hands. There's no place like home. Do it yourself to improve your home for your future, and it will repay you with greater and greater happiness.

Enjoy yourself at home!

If you want looking for history culture heritage of your own town, consult:
http://www.zxj housing. background.com
If you want looking for a friend or place and enjoy yourself, consult:
http://www.zxj housing.site.com
If you want move some possibilities for improving your living condition, consult:
http://www.zxj housing.construction.com
If you want to enjoy yourself working at home, you can get help from
http://www.zxj housing.work at home.com
If you want to get some help from a architect, consult:
http://www.zxj housing.architect.com
If you want to get a way saving energy, consult:
http://www.zxj housing.energy.com
Welcome your advice for improving public space, consult:
http://www.zxj housing.conservation corner.com

Menu: Location | Fabric | History | Climate | Evolution | Economy | Realms and heritage | Conservation | Infrastructure | Urban planning code | Edification | Travel | Work

http://www.zxj housing. background. com
File Edit View Go to Collect Help

Location
Traditional Muslim residential district
Historic monument
Traditional shopping street
Drum Tower
ZXJ district
Traditional residential district
Historic area
Traditional cultural district
City wall

Fabric
inner city
City wall
ZXJ district

Climate
In the ancient city of Xi'an
There's a 300 year old housing area.
A story happened long ago.
Among its old walls and trees
ZXJ area located in the old town of Xi'an
Its residents live and work here over 300 years.
Famous for their variations calligraphy crafts
The dominating wind direction (northwest and southeast), may during the summer have what degree of (1.6–2.3 m/sec).

About ZXJ DISTRICT

Evolution
BEFORE 1900 ｜ ABOUT 1960 ｜ ABOUT 1980 ｜ ABOUT 1989

Aerial view

http://www.zxj housing.site.com
Visitors book | Experience | Convention | Tech support | Cooperate | Specialty | New decision | Service station | Help

国际建筑师协会（UIA）大学生建筑设计竞赛获奖作品集（1984-2017）

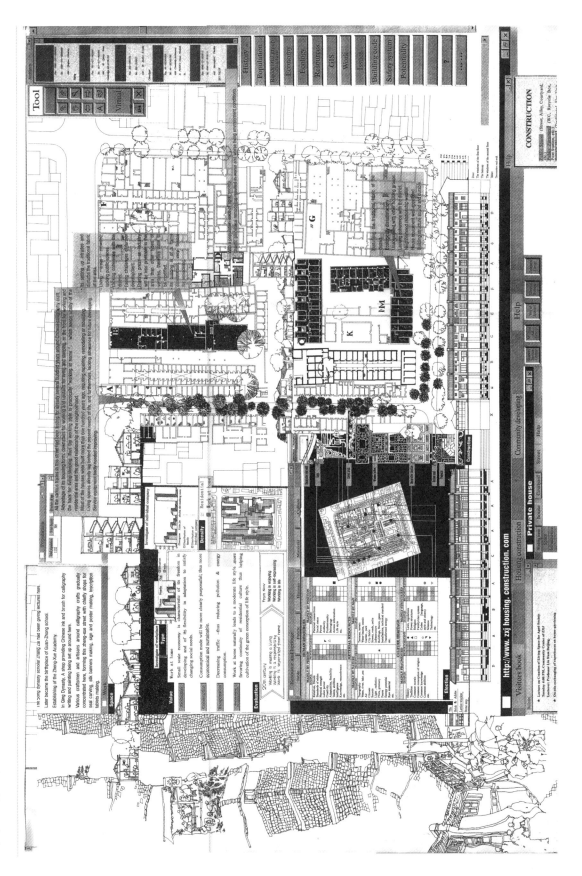

"在家里工作"（图纸2）

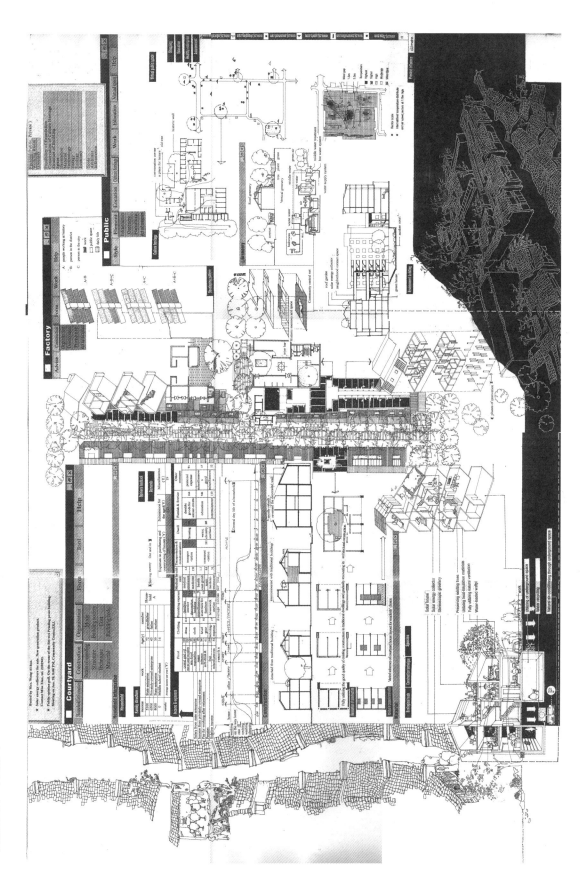

"在家里工作"（图纸3）

2005 年——"极端——在特殊及极端条件下创造空间"

Extreme: Creating Space In Extreme And Extraordinary Conditions

日本建筑师学会奖

竞赛概况

　　本届竞赛的题目为"极端——在特殊及极端条件下创造空间"，要求参赛者针对极端社会条件、极端自然条件等情况，设计一种能够满足人们日常工作、学习与生活需要并具有特定功能的建筑空间。由陈敬、徐洋、王军等6名同学组成的设计小组在李军环、王健麟两位老师的悉心指导下，紧紧围绕本届竞赛的要求，充分借鉴学校多年来的科研成果，将窑洞这一传统而又极具生命力的建筑形式作为研究对象，以"极端贫困条件下儿童教育环境建构"为主题展开了精心设计，最终提交了名为"一个都不能少"的建筑设计方案。该设计方案以我国西北特困地区为特殊环境和极端条件，有效地利用了当地传统窑洞低成本、低能耗等优点，巧妙地解决了传统窑洞通风差、采光差等缺点，为当地儿童设计了一种结构简单、坚固耐用、成本低廉、便于推广的新型窑洞校舍。经过由国际著名建筑大师组成的评委会的严格评审，在来自全世界的千余份参赛方案中，本设计方案最终荣获本届国际大学生建筑设计竞赛第二名——日本建筑师学会奖。

With this certificate, we congratulate the winners of the

JAPAN INSTITUTE OF ARCHITECTS (JIA) PRIZE

at the UIA 2005 Student Competition:
"Extreme: Creating Space in Extreme and Extraordinary Conditions".

JING CHEN, JUN WANG, LEI ZHANG,
YI HU, YANG XU, ZHI TAO YUAN
(PR of CHINA)

The Competition Secretariat and the Jury would like to express their best wishes for the future professional life of the rewarded students .

chamber
of architects
of turkey

tmmob
mimarlar
odası

Ankara, 13 October 2005
No: 09 / 2697

JING CHEN, JUN WANG, LEI ZHANG, YI HU, YANG XU, ZHI TAO YUAN
(PR of CHINA)
JAPAN INSTITUTE OF ARCHITECTS (JIA) PRIZE Winners

Dear students,

I would like to once more congratulate your success in the UIA 2005 Istanbul Student Competition "Extreme: Creating Space in Extreme and Extraordinary Conditions".

Please find your competition certificates in the attachment.

Thank you for your participation and I wish the continuation of your success in your future professional life.

Best wishes,

Necip MUTLU
Secretary General
Chamber of Architects of Turkey

Konur Sokak 4, | Uluslararası Mimarlar Birliği
Yenişehir 06650. Ankara | Türkiye Kesimi
Tel. 0312 417 37 27 | Chamber of Architects,
Fax. 0312 418 03 61 | Section of IUA in Turkey
e-mail. info@mimarlarodasi.org.tr | Ordre des Architects,
www.mimarlarodasi.org.tr | Section De Turqie de l'UIA

NO CHILD LEFT BEHIND

a first aid school

国际建筑师协会（UIA）大学生建筑设计竞赛获奖作品集（1984－2017）

Children are easier to be hurt under the extreme condition

Targetgrounp: The children who are unable to go to school because of very poverty

It is reported by the UNESCO in 2004 and UNs Children's Fund that there are **126,000,000** children who are unable to go to school.

More than 110 millon of them live in developing country espitally

Less Developed Country,half of them live in Asia.

There are **3,000,000** in China

TOPIC

Children are easier to be hurt under the extreme conditions than adults. We want to provide education chances to the children who are not able to go to school in the extreme poverty area.

Our CASE is an extremely poor village which named Qing Hua Bian. There is less rainfall - usually 526 mm per year - and to that a lot of sunlight. The inhabitant's average income in this village is 80? per year.

813 inhabitants live in the village, 152 of them are children with the age of six or older - 36 of them are not able to go to school.

The school buildings are in very bad conditions, because they have lack of money and no technicians to rectify.

Under such extreme conditions, we design, construct and operate a new primary school with less money. We use the traditonal form -Yaodong - and organize the inhabitants to JOIN and ENJOY the design as well as the construction process - so everyone can profit from it.

Apart from that we provide a public communacation space for the villagers which is always lacking in poverty areas.

We hope with our efforts every child can be able to go to school!

These children have to bear such a heavy life-pressure in the poor areas of china

less of Money ≠ Without School / Unable to go to school

BACK GROUND

The numbers of the chilren who are unable to go to school

- Sahara nearly 46,000,000
- other developing country
- developed country
- China nearly 3,000,000
- south Asia 46,500,000

the local tranditional technics and forms

After 3 month hard work ,we have concluded 3 Idea

IDEAS

the advaadvantage of traditional house

*local traditional technics and forms of architecture used to construct newbuildings.

* Tranditional regional forms stand for the local characteristic and suit for the local climate.

* Tranditional technics are easy and cheep to handle

Construction costs compare ㏄

social environment / natural environment / budget

design — construction

operation

> Construct new buildings by using the local tranditional technics and forms

> Improve the disadvantages of the tranditional building

> Construct the new primary school by the inhabitants (improve identification)

Natural and social environment in Qinghuabian

> Social Environment

population	main source of their income	the number of children of the age of six or older	average income per year	primary school ?
813	the crop,and the youths work outside	152	€73---80	without school 116 pupils study in other school far away

> locate:
Qinghuabian , Yan'an , Shanxi , China
an extreme ptoverty village

> Natural Environment
loessial ridge less rainfall, 526mm per year
enough sunlight 540－580kj/cm2

DESIGN

『一个都不能少』（图纸一）

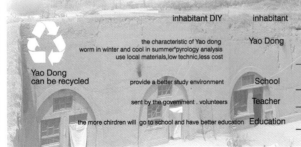

inhabitant DIY   inhabitant

♻ the characteristic of Yao dong
worm in winter and cool in summer*pyrology analysis
use local materials,low technic,less cost

Yao Dong can be recycled   Yao Dong

provide a better study environment   School

sent by the government . volunteers   Teacher

the more chidren will go to school and have better education   Education

inhabitant + Yao Dong = school build + teachers = education

NO CHILD LEFT BEHIND

a first aid school

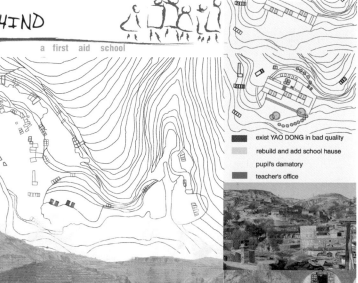

exist YAO DONG in bad quality
rebuild and add school hause
pupil's damatory
teacher's office

CHALLENGE

Qing huabian is an extreme poverty village in Yan an Shaanxi China, it has less rainfall which is usually 526 mm per year and a lot of sunlight. The population is 813, 150 of them are children with the age of six or older. The main source of their income is from the youths who work in big cities. Because of poverty, most of the inhabitants live in the tranditional Yao dong. Their primary school is also use the Yao dong form but in very bad conditions.

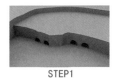
STEP1

STEP2

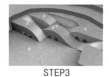
STEP3

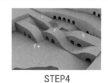
STEP4

WAYS

1 Show the inhabitants that a school needs not so much money if they build it up themslves.

2 Construct the new school base on the old Yaodong and try to use the simple tools with low technics.

3 Use local materials which are easily find here, such as loess(earth), blocks made by earth and the rock in the river bank.

4 Make sure the new building can improve the daylighting and keep as warm as good as the traditional dwellings.

5 New design will change the symbol of Yaodong,which is standing for poverty.

SITE PLAN

On the place are four Yaodong existing, but they are not in good quality. So form and its loessial plasticity improve the functions to reduce the disadvantages.

ARCHITECTS ROLE

Architects should take a full consideration about the loessial plasticity during the whole project, in the design both and construct process. Also they should tell the inhabitants that education of their chilren is not only send them to school .

3600

4500

7500

YAODONG

Disadvantages:
➤ Weak daylight
➤ Bad ventilation
➤ Using earth =>hidden troubles

Improvements:
➤ speacial form = double sides daylight
➤ bricks by local earth = strengthen
➤ a 50 mm height sand layer in the earth =waterproof
➤ underground catchments at the lowest position to gather the rain

EXPERIMENT

Put 500mm height sand layer under a container which has a small hole in the bottom to keep the inside the same atmospheric pressure with outside. And make a >1000mm height earth in the container.so the water can't infiltrate the sand layer

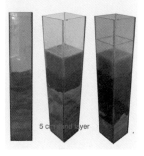

5 cm sand layer

国际建筑师协会（UIA）大学生建筑设计竞赛获奖作品集（1984–2017）

『一个都不能少』（图纸 2）

2008 年——"图腾"

Totem

第七名

优秀奖

竞赛概况

　　国际建协第 23 次世界建筑大会同期举办了"Totem 国际学生设计竞赛"，要求参赛者配合大会主题——传播建筑学（演变中的建筑）设计一个图腾，该图腾是一个表现联系和信息交流的建筑构造物，它应该适宜置放于以下三种环境： 社会环境（贫穷）、自然环境（生态）和城市环境（大都市）。

　　来自不同国家的 5 个评委：Luca Molinari（意大利）、Michele de Lucchi（意大利）、Wolf Tochtermann（德国）、Jose Luis Cortes Delgado（墨西哥）、Magda Hosam Eldin（埃及） 对本次竞赛来自 34 个国家的 435 份参赛作品进行了评审。最终评出了 8 个获奖作品。我院 2003 级学生：李娟、邹苏婷、陈潜、职朴、孟广超、张婷婷六位同学在李军环与靳亦冰两位老师的指导下，提交的设计作品"The Way to Dreams"荣获第七名；李岳岩、陈静和孙自然三位老师指导的 2003 级学生：王汉奇、梁小亮、闫冰、汤洋、戴靓华、徐心，他们的作品"Paradise on Roof"获优秀奖。

国际建筑师协会（UIA）大学生建筑设计竞赛获奖作品集（1984-2017）

THE WAY TO DREAMS 1

[XXIII UIA World Congress of Architecture TORINO 2008]

From the dates of the WORLD BANK, acroding to a standard that the poverty line is for 1 dollar a day:

CHINA has got 134,900,000 people living in poverty-stricken areas.which occupied 10% in the WORLD

Those people were mainly living in mountainous areas due to the inconvient transportation.

It counts 70,000,000 people which occupied 51.9% in CHINA.

And for most of the people there who were seperate from the outside of the world could not recieve information for the only reason that they are unable to cross the river

The blocked information made them could not obtained the living opportunities equally

Walk across the bridge

=

connecting and communicating with the outside world

=

Recieve and exchange information

People living in the poverty village don't have internet, telephon, they have even no electricity. Meeting and talking with each other is the only way of communicating and receiving information. That is also the way to disengage poverty!

Bridge is the totem here

For everyone used it everyday
For everyone builds it with their own hands
For everyone connecting with each other by using it
For it brings hope to everyone's lives
For it TRANSMITTING to the world to everyone

BACKGROUND:

Hei Yao Gou is a small village located in Qin Ling Mountain. There are 345 families, altogether 1328 people living here. The average income here is 80 € per year.Every time comes the rainy season, about 90 families were blocked by the rising flood to the side of the road. Children can't go to school as well as the patients are unable to see the doctor. During those 3-4 months the people there were always cut off from the outside world. After the flooding period they pick up the bigger stone in the riverbed again in order to step on them to cross the river, even though, it is not only impossible for motorcycle or livestocks to pass through, but also difficult for the villager themselves.

Hei Yao Gou is one of the ordinary village in Zhen An county. While Zhen An is one of the 77 Poverty-Stricken County in Shaan Xi province. However, there are almost 573 towns like Zhen An in the area of central and western china.And villages like Hei Yao Gou can be found everywhere through the broad mountainous areas. Those places experience the same thing that happened to Hei Yao Gou in all the time.

Population	Average income per year	Main source of income
1328	80 €	The corp and the youths work outside
The number of bridges people needs	The number of people needs a bridge	
5	514	

CURRENT SITUATION

	Stone Arch Bridge	Steel slab Bridge	Stones
build by	Government and Villagers	Villagers	Villagers
Total cost	3 000-5000€	200-500€	0
Cost by one Family	50-100€	20-50€	0
Safety	30-50 years	10 years	only dry season

10%--Most villagers can't afford
15%--The materials are hard to get, expansive
75%--Not convenience and dangerous

TARGETGROUP: People who can't cross the river, because of they can't afford a bridge

OUR IDEAS: Using the local material and traditional binding way to build the bridge in a EASY and CHEAP way.

The bridge for everyone

THE WAY TO DREAMS

[XXIII UIA World Congress of Architecture TORINO 2008]

2

WHERE THE DREAMS COMES TURE......

Source of
conceiving outline
Truss

material:
localmaterial--bamboo(economic wood)
characteristic:
Skillful structure form
Simple structure method
be easily Controled and easily build
Can adapt different river breadth
Ecological Environmental Sustainability

POSSIBILITIES

Our idea will consider in different situation, provide suitable bridges. Our bridge is adapting in different places by Using various local materials , traditional techniques and different forms.

DIFFERENT BRIDGES

In the mountainous areas , there are different rivers ,so we designed five different form of bridges: list cross bridge and the arched bridge suit for most of conditions , but if the river is wider people may built the multiple arch bridge , the multispan bridge and floating bridge is a good choice for the river which is slow-motion.

list cross bridge

list cross bridge

arched bridge

multiple arch bridge

the stone pier bridge

floating bridge

THE PROJECT

HABITATION

Our idea is a whole bridge-building project, that can be generalize widely in the mountainous areas, we hope the local people can easily build bridges safe, suitable, and cheap by their own hands.

Unit A.,people are living by the river

Unit B.,people are living by the river

Unit C.,people are living by the river

Unit D.,people are living by the road

The house by the road The way to outside River The house by the river

STRATEGY

Local material + Traditional technology + Ingenious structure = Local bridge

After bridges being set up, a wide range of information could be transmitted with no obstacle.

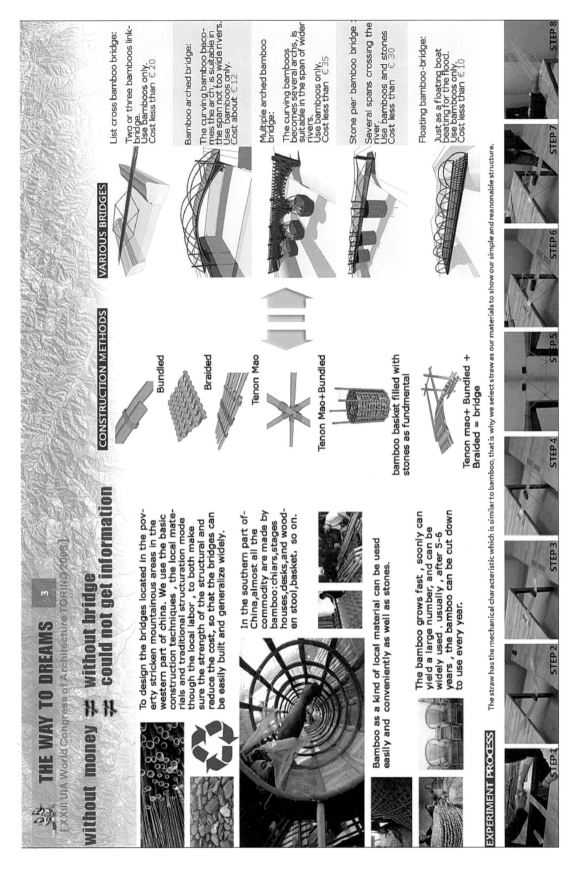

梦之路——第七名（图纸3）

THE WAY TO DREAMS 3
[XXIII UIA World Congress of Architecture TORINO 2008]

without money ≠ without bridge ≠ could not get information

To design the bridges located in the poverty stricken mountainous areas in the western part of china. We use the basic construction techniques, the local materials and traditional structuration mode though the local labor, to both make sure the strength of the structural and reduce the cost, so that the bridges can be easily built and generalize widely.

In the southern part of China, almost all the commodity are made by bamboo:chiars,stages houses,desks,and wooden stool,basket, so on.

Bamboo as a kind of local material can be uesd easily and conveniently as well as stones.

The bamboo grows fast, soonly can yield a large number, and can be widely used, usually, after 5-6 years, the bamboo can be cut down to use every year.

CONSTRUCTION METHODS

Bundled

Braided

Tenon Mao

Tenon Mao+Bundled

bamboo basket filled with stones as fundmental

Tenon mao+ Bundled + Braided = bridge

VARIOUS BRIDGES

List cross bamboo bridge:
Two or three bamboos link-bridge.
Use bamboos only.
Cost less than €20

Bamboo arched bridge:
The curving bamboo becomes the arch, is suitable in the span not too wide rivers.
Use bamboos only.
Cost about €12

Multiple arched bamboo bridge:
The curving bamboos becomes several archs, is suitable in the span of wider rivers.
Use bamboos only.
Cost less than €35

Stone pier: bamboo bridge :
Several spans crossing the river.
Use bamboos and stones
Cost less than € 30

Floating bamboo-bridge:
Just as a floating boat beating for the flood.
Use bamboos only.
Cost less than €10

EXPERIMENT PROCESS

The straw has the mechanical characteristic which is similar to bamboo, that is why we select straw as our materials to show our simple and reanonable structure.

STEP 1 STEP 2 STEP 3 STEP 4 STEP 5 STEP 6 STEP 7 STEP 8

BACK TO THE PARIDISE--*THE TOTEM OF MODERN LIFE IN CITY*

TOTEM&TRANSMITTING ARCHITECTURE

PARADISE ON THE ROOF

For a long time, couryard has played an essential role in peiople's lives. There, we can feel the charm of nature; there, we can feel the warmth from neighbors. It embodies the totem of Chinese people for the trational way of life.

1. Various couryards in the past

Yao Dong
4 familys
courtyard: 100m²

Tu Lou
77 familys
courtyard: 600m²

Courtyard house
1 family
courtyard: 150m²

2. Colorful life in Courtyards

3. Agreeable neighborhood relationship

Pruitt-Igoe:a exploded residential area

PROGRESS or DECAY ?

Residential Area in xi'an
1200 familys

How to break the shakles of the soul ?
We need to communicate with each other... ...

Every family lives in the cage-like house.

A survey on the relationship between the Neig-hbourhood:

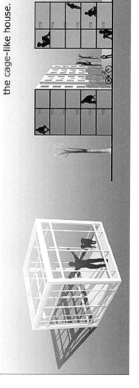

those who are unwilling to make friends with their neighbors(13%)

those who don't know their neighbors(11%)

those who know their neighbors but never greet them(7%)

those who never turn to their neighbours f- or help even when in great troubles(14%)

to seek help when Necessary(4%)

those who consider those who attribute money-making mo- the loose neighbo- re important than urhood relationship neighborhood rea- to high-rise buildi- tionship(50%) nge (37%)

those who make the acquaintance of the neighbors (56%)

those who never turn to their neighbors for he- lp even when in great t- robber(50%)

those who sometimes turn to their neighbours for help (32%)

those who know their neighbors sometimes greet them(26%)

屋顶乐园——优秀奖（图纸2）

BACK TO THE PARIDISE--THE TOTEM OF MODERN LIFE IN CITY

TOTEM&TRANSMITTING ARCHITECTURE

PARADISE ON THE ROOF

Where can we find back the lost way of life, the forgotten culture, and the harmonious neighborhood relationship? Come and join us. Together we ourselves will build a courtyard on the roof. There is where our totem lies in; it will never be far away from us...

party space

to be built

pigeonry

tea house

pets home

sun bathing

drama platform

to-be built

swimming pool

"Hi, friends, come on!"

1. The courtyard on the roof.

2. The cooperation of the residents:
"Let's do something together!"

3. The possibilities :

one unit : a tea hause   two-unit combination : drama platform   four units : a yard

BACK TO THE PARIDISE--THE TOTEM OF MODERN LIFE

TOTEM & TRANSMITTING ARCHITECTURE

PARADISE ON THE ROOF

Additional remarks:

This Place existence will take the traditional mode of living into modern city life.and Through the process of co-building the roof paradise, the distance between the residents will be shortened.

Cultural Effect

The roof garden can serve as a carrier of these culture。

1.Traditional Culture:

The "PARIDISE" will also restore the traditional culture of life.

2.modern life:

The "PARIDISE" will also accommodate modern life.

Budget :

With the total budget of the whole project up to 18,000 dollars, each of the 36 families in a residential building only needs to contribute 500 dollars to co-build the courtyard on the roof.

Ecological Effects:

The Roof garden can add green to the urban central area and improve the ecology for each roof garden can generate7.56 kilograms of oxygen.

grass
steel
glass
wood
materials

Opera

Shadow Play

Chinese tea

from the old house   to the new object

Old-age disco   Chinese Taijiquan   playing gateball

skate boarding   Walking a dog

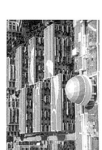

Ecoroof diagram:

section view--not to scale

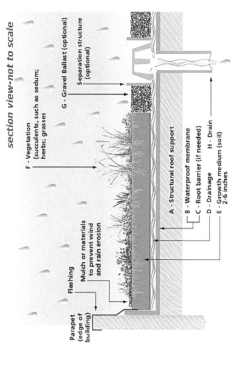

F - Vegetation (succulents, such as sedum; herbs; grasses)

G - Gravel Ballast (optional)

Separation structure (optional)

A - Structural roof support
B - Waterproof membrane
C - Root barrier (if needed)
D - Drainage   H - Drain
E - Growth medium (soil) 2-6 inches

Mulch or materials to prevent wind and rain erosion

Flashing

Parapet (edge of building)

国际建筑师协会（UIA）大学生建筑设计竞赛获奖作品集（1984-2017）

2011 年——"设计 2050"

Design 2050

优秀奖

竞赛概况

　　第 21 届 UIA（国际建筑师协会）世界大学生建筑设计竞赛，根据日本正面临着政治、社会和经济领域的急剧转变。建筑和城市工程学科中，有关于如何处理后城市增长时代和环境保护问题，以及如何推动社区居民参与到规划中的各种争论。特别是在这些领域，我们正处在一个新时代的风口浪尖；如各种权利向地方政府的转移，由出生率下降和人口老龄化导致的城市萎缩，以及私营部门越来越多地在公共项目中占主导地位。这些宏观范围的转变在社会和工业领域中正不断进步。到 2050 年，我们可以预想到这些转变在现实世界中一定程度的实现。在学生竞赛中，我们希望给 2050 年的大东京圈内的几个主要城市，包括筑波市、土浦市、稻敷市等几个主要城市完善市政工程和建筑设计，这些城市都位于离 UIA2011 举办地东京 60 公里的范围内。我们希望建设一个新的城市区并将对东京的影响考虑在内，同时"智能区域""智能城市"的概念也可能作为一个主题被考虑进来。

　　2011 年，UIA 邀请来自世界各地的建筑学学生参加这个竞赛，这次竞赛的主题仍然在 UIA2011 东京大会的主题"设计 2050"下进行。竞赛将分为四个主题进行设计。

　　主题一　筑波科学城国际医疗及护理中心建筑设计

　　主题二　土浦市新城市 CBD、体育及交通枢纽地区规划

　　主题三　稻敷市新生态城规划设计

　　主题四　KSCR"智能地区"设计

　　我校在本次 UIA 国际大学生设计竞赛中获奖的团队是来自艺术学院的学生侯天航、亢园园、李房源、李思彦和景光。他们的方案在王葆华和杨豪中老师的指导下，获得优秀奖。竞赛应对主题三，旨在日本稻敷市原有城市建设基础上，满足城市、农村、花园共同发展，在保证现有的森林、水田旱田、高尔夫球场、住宅楼宇和霞湖正常使用的情况下，提出了"一个正方体造就一个生态城市"（Let A cobu Conception Make A Ecological City）的概念。

优秀奖

一个立方体造就一个生态城市

Let A Cobu Conception Make An Ecological City

参赛学生：侯天航、亢园园、李房源、李思彦、景光

指导教师：王葆华（艺术学院）、杨豪中

方案简介：

本次竞赛的名称：一个正方体造就一个生态城市　（Let A cobu Conception Make An ecological city）。

早在 1898 年埃比尼泽霍华德就提出"城市花园"这一城市发展概念，而时隔百年，"城市花园"在城市高速发展的今天，仍旧很难满足城市与人共赢的需求。因此，作为新时期的城市设计，生态城市、花园城市是我们设计所要追求的，并努力建设成的。

稻敷市"新的生态城市计划"旨在日本稻敷市原有城市建设基础上，满足城市、农村、花园共同发展，在保证现有的森林、水田旱田、高尔夫球场、住宅楼宇和霞湖正常使用的情况下，加入生态设施，将"生态城市"表现的淋漓尽致。

在本次竞赛中，生态塔由很多个立方体块组成，它有着丰富的植物搭配，并且为动物提供庇护所。动物在得到庇护的同时也为花粉、种子的传播创造条件。它将出现在研究区的各个地方。因为在研究区中农田占据了整个城市的 59%，因此大量的秸秆、庄稼废弃物很难处置，我们的装置就是将庄稼废弃物做一打包整合，再加以灌溉、播种，最后形成一个个新的"植物生态囊"，将它们摆在城市角落，吮吸城市废气，释放新鲜氧气，已达到修复被破坏的生态系统的目的，同时，在不同的造型下，它也成为一道独特的景观构筑物，吸引人群驻足、游玩。生物培育体和生态塔交错布置在基地当中，形成一张庞大的生态网络，从而使生态系统得到有效的保护和修复。

"生态城市"不仅仅需要设计，它更需要我们大家对城市的爱护和保护。

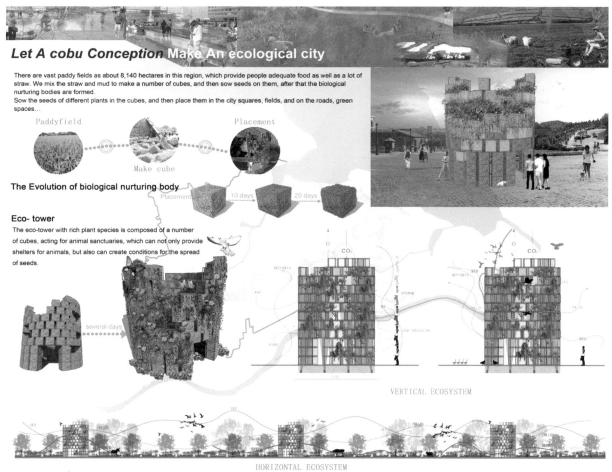

Let A cobu Conception Make An ecological city

There are vast paddy fields as about 8,140 hectares in this region, which provide people adequate food as well as a lot of straw. We mix the straw and mud to make a number of cubes, and then sow seeds on them, after that the biological nurturing bodies are formed.

Sow the seeds of different plants in the cubes, and then place them in the city squares, fields, and on the roads, green spaces…

Paddyfield → Make cube → Placement

The Evolution of biological nurturing body

Placement — 10 days — 20 days

Eco- tower

The eco-tower with rich plant species is composed of a number of cubes, acting for animal sanctuaries, which can not only provide shelters for animals, but also can create conditions for the spread of seeds.

several days

VERTICAL ECOSYSTEM

HORIZONTAL ECOSYSTEM

The expansion of ecological systems

Placement Influence Expand Expand Overlay

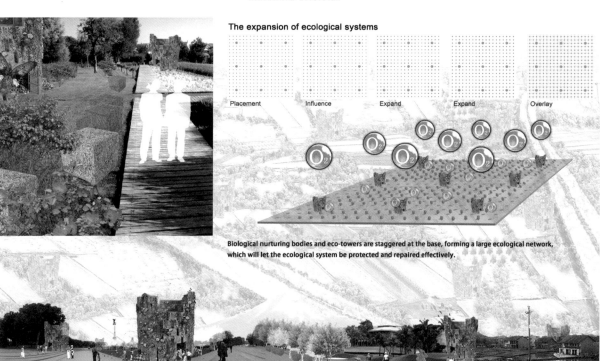

Biological nurturing bodies and eco-towers are staggered at the base, forming a large ecological network, which will let the ecological system be protected and repaired effectively.

2014 年——"别样的建筑——寻找其他途径，创造美好未来"

Architecture Otherwhere

第一名

第二名

入围奖

优秀奖

竞赛概况

中国建筑学子包揽第 22 届 UIA（国际建筑师协会）
世界大学生建筑设计竞赛前三甲

2014 年 8 月 3 日到 8 月 7 日，"别样的建筑，别样的 UIA——第 25 届世界建筑师大会"在南非德班市顺利举办，本次大会围绕三个分主题"适应（Resilience）""生态（Ecology）""价值（Values）"进行了全球建筑行业的展览、演讲和竞赛活动。在 UIA 世界大学生建筑设计竞赛环节，来自中国、英国、法国、德国、美国等 50 多个国家和地区的建筑院校学生报送了 478 份参赛作品，大会从最终入围的 15 份作品中评出前四名，中国学生包揽前三甲，西安建筑科技大学建筑学院学生吴明奇团队，周正团队斩获第一名和第二名，清华大学熊哲昆团队获得第三名。

UIA（国际建筑师协会）于 1948 年 6 月 28 日成立于瑞士洛桑，本着联合全世界建筑师，建立相互了解、彼此尊重的关系，交换学术思想和观点，吸取经验，扩大知识，取长补短的宗旨，在国际社会代表建筑行业，促进建筑和城市规划不断发展。世界建筑师协会每 3 年举办一次全球建筑师大会，今年为第 25 届。国际建协和联合国教科文组织配合大会举办世界大学生建筑设计竞赛，至今已举办了 22 次。获奖作品在大会期间展出，并邀请获奖者与会领奖。国际建筑师协会世界大学生建筑设计竞赛是当今世界建筑学专业学生的最高规格竞赛，被喻为"世界建筑学专业学子的奥林匹克大赛"。我国大学生于 1980 年代中叶开始参加 UIA 国际竞赛即获优异成绩。1984 年（12 届）至 2014 年（22 届）西安建筑科技大学学生连续九次获奖，并于 1990 年荣获第 14 届世界大学生建筑设计竞赛第一名：联合国教科文组织奖。因西安建筑科技大学在此项赛事中的突出表现，1999 年于北京召开第 20 届国际建协大会将大学生建筑竞赛单元交由该校承办，获得极大的成功。今年西安建筑科技大学第九次获奖，包揽前两名，为中国学生在国际上赢得了极大的声誉。

本次竞赛的主题是"别样的建筑——寻找其他途径，创造美好未来"。竞赛选址位于南非德班老城中心的沃里克枢纽站地区，竞赛要求围绕 UIA 2014 大会的三个子主题"适应性，生态性，价值性"，以大视野，小干预的方式开展城市设计，解决该地段的现实和发展问题。西安建筑科技大学建筑学院本科四年级学生吴明奇、牛童、冯贞珍、崔哲伦、罗典团队在裴钊老师的指导下，以"缝合城市"（Suture the City）为主题提交的设计方案获得第一名，评委认为该方案"为 2050 年的德班提供了一个长期发展的蓝图：通过建造一个教育综合体，创造新的城市公共空间，促进社会凝聚力。方案最出色的地方在于：将沃里克枢纽站转变为城市再发展的契机，将被激活的火车站纳入城市的整体发展轨迹中，加强了地段与周边环境的联系，设计真正建立并强化了生态和弹性的理念"。五年级学生周正、卢肇松、古悦、张士骁、高元、鞠曦团队在李昊老师的指导下，以"场所尊严"（Dignity of City）为主题提交的设计方案获得第二名。评委认为该方案"具有强烈的时代意识，利用微小体贴的手法进行建造，充分理解文脉，从而取其精华去其糟粕，让评委会印象深刻。通过对基地全面、充分的认知，方案展示了一个有深度、有层次的视野，并从一个从长远视角出发构建场所。这个议题最重要的特点是建立了一系列连贯的事件，通过创造共同环境、共同场所以及共同基础，反映了学生对地块复杂性的独特理解，并对整个空间策划发展进程的把握，如何通过小型干预，达到长远视野目标，从而回应当地城市与居民的诉求。"

——《建筑师》，2014 年 10 月

获奖师生合影
照片中从左到右依次是：**李长春、裴钊、罗典、牛童、杜怡、卢肇松、周正、鞠曦、李昊、李岳岩。**

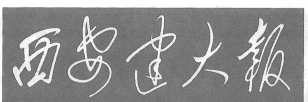

国内统一刊号：CN61-0827／G
中共西安建筑科技大学委员会主办
网址：http://www.xauat.edu.cn
主编：李虎成　总第 943 期
2014 年 9 月 26 日　星期五

西安建大报

☆奖励最先提供者☆
新闻线索有奖征集
热线：（029）82202902
电邮：jdb@xauat.edu.cn

第 25 届 UIA 世界大学生建筑设计竞赛结果在南非揭晓

我校参赛作品"缝合城市""场所尊严"摘金夺银

为我国大学生参加该项赛事 30 余年来最佳成绩

本报讯 (记者 马长磊) 如何从城市、地段和场地等层面进行设计干预和空间创造，使南非德班长期处于"种族隔裂"的人群共享城市文明？来自全世界 50 多个国家和地区的大学生，围绕这一现实难题贡献才智展开竞赛。我校建筑学院学生分别以"缝合城市"和"场所尊严"为主题报送的参赛作品，最终摘金夺银，包揽第 25 届国际建筑师协会(UIA)世界大学生建筑设计竞赛前两名，这也是我国大学生参加该项赛事 30 多年来取得的最佳成绩。

3 年一届的 UIA 世界大学生建筑设计竞赛，是由联合国教科文组织与国际建协共同举办，旨在为未来的建筑师提供展示设计才能的机会，共同研究探讨全球建筑理论前沿课题，因其最高规格被喻为"世界建筑学专业学子的奥林匹克竞赛"。

本届竞赛的基地选在南非德班老城中心沃里克枢纽站地区。德班因至 1994 年才结束种族隔离制度，使城市形态和意识形态都处于一种"分裂"的状态，而沃里克枢纽站由于南北向的铁路交通和东西向的内外城过滤交汇于此，其角色显得特殊而微妙。

竞赛以"建筑在他处——寻找其他途径，创造美好未来"为主题，要求参赛学生围绕 2014 UIA 大会三个子主题"弹性、生态、价值"，以大视野、小干预的方式开展城市设计，解决该地区的现实和发展问题。

竞赛共吸引来自中国、英国、美国等 50 多个国家和地区学生报送参赛作品 478 份，大会从最终入围的 15 组作品中评出前四名。

我校建筑学院本科生吴明奇、牛童、冯贞珍、褚哲伦、罗典团队夺得竞赛头魁，他们以"缝合城市"为主题，将沃里克枢纽站改造、扩展成为一个综合体，使其变成联系德班内城和外城的纽带，评委会认为，该作品"真正建立并强化了生态和弹性的理念，给 2050 年的德班提供了一个长期发展视野"。

获得第二名的周正、卢肇松、古悦、张士晓、高元、鞠曦团队作品则突出"场所尊严"主题，希望通过短期、中期、长期三个阶段的干预，使当地居民、沃里克地区以及德班城市重塑尊严。

清华大学研究生团队及黎巴嫩学生团队分获第三、四名。此外，我校李岳岩老师指导的 2 个研究生团队还荣获入围奖 1 项（前 15 名），优秀奖 1 项（前 24 名）。

牛童、周正等团队代表应邀出席了在南非德班举行的第 25 届世界建筑师大会并现场领奖。获奖作品的指导教师、建筑学院青年教师裴钊和李昊认为，我校学子在竞赛中展现的智慧和创造，体现着我校建筑教育自觉自醒的国际视野和富有时代精神的人文情怀。

据统计，自 1984 年我校学子首次参加该项赛事并获奖以来，已先后 9 次荣获 15 项大奖，其中，1990 年获得其最高奖——联合国教科文组织奖。

《西安建大报》2014 年 9 月 26 日对竞赛的头版报道

缝合城市
Suture the City

参赛学生：吴明奇、牛童、冯贞珍、崔哲伦、罗典
指导教师：裴钊

方案简介：

竞赛要求从"Long-term，Medium-term，Short-term"三个层次，使用建筑产品（Architectural Product）来回应这个区域的问题。

在"Long-term"的层次中，我们的方案将沃里克枢纽站改造、扩展成为一个综合体。由于处在内外城两侧的接壤地带，综合体可以承担内外城的多种功能，当人们分别从内外城来到综合体活动的时候，人流的形成变成了将内外城连接在一起的力量：将原来两向相背的趋势在这里逆转，来达到"缝合城市（Suture the City）"的目的。

扩展后的沃里克枢纽站，增添调整了新的出入口，使人流的分布更加合理，同时清理保护了同样夹在关卡处的布鲁克大街市场以及紧邻的西街墓地。所以在"Medium-term"中，我们通过调整枢纽站－市场－墓地界限的剖面形态，使得长期目标中的"缝合"动作有一个缓和过渡的趋势。

为了保证综合体的"缝合"功能能够实现，综合体的出现需要足够尊重、适应内外城两侧的现状。在"Short-term"层次的短期干预中，我们根据与综合体接触两侧的现状，设置了多个功能不同、在相对短期内就可以实现的场所。这些场所首先适应现状，同时将现状位置逐渐改造变成综合体的出入链接端口。

市场和非正规贸易者是沃里克地区的特色和主要组成部分。在保存特色的同时也需要调整、发展。曾经南非的廉价劳动力在全球化发展的背景下逐渐了失去竞争力，针对劳动力的健康和教育投资成为未来南非发展需要面对的问题。在沃里克区域的多个市场中，充满了需要接受技能培训、教育的人群。尤其是出生、成长于沃里克地区的孩子们。所以在布鲁克大街市场中我们设置了一个在沃里克地区原本就小规模分散存在的"儿童看护场所（Child Care）"。我们以这个"儿童看护场所"为发端，逐渐建造发展一个延伸至综合体的教育培训链条，从幼儿教育、基础教育一直到成人技术培训。希望能为这里的孩子和沃里克的未来提供更多可能性。

组委会评语：

获奖方案给2050年的德班提供了一个长期发展视野。通过建造一个教育综合体，来促成城市化结构的新时代，社会凝聚力的新时代，公共领土的新可能性。该方案的概念展示了对竞赛背景的领悟：在火车站的现状条件下，用沃里克枢纽站来建立一个城市的起源。一开始计划将火车站激活，并将车站的发展归纳于城市的成长之中，这正是这个方案的出色之处。然而，在现有的连接中创造联系加强了市场和墓地现有的联系。

我相信，能够意识到这一点，说明学生们一定理解了城市，即使我们今天去看20年之后的沃里克枢纽站他显得很小，事实上，他现在也很小。所以，他们在"他处"的复杂性中，建立了生态和弹性的理念。

（翻译：牛童）

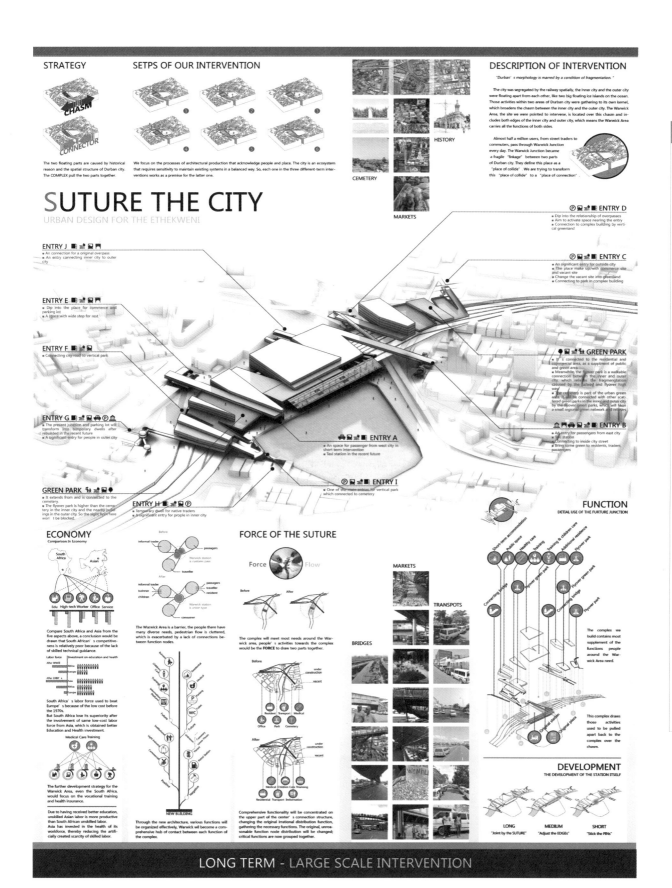

SUTURE THE CITY
URBAN DESIGN FOR THE ETHEKWENI

STRATEGY

CHASM

CONNECTOR

The two floating parts are caused by historical reason and the spatial structure of Durban city. The COMPLEX pull the two parts together.

SETPS OF OUR INTERVENTION

We focus on the processes of architectural production that acknowledge people and place. The city is an ecosystem that requires sensitivity to maintain existing systems in a balanced way. So, each one in the three different-term interventions works as a premise for the latter one.

DESCRIPTION OF INTERVENTION

"Durban's morphology is marred by a condition of fragmentation."

The city was segregated by the railway spatially, the inner city and the outer city were floating apart from each other, like two big floating ice islands on the ocean. Those activities within two areas of Durban city were gathering to its own kernel, which broadens the chasm between the inner city and the outer city. The Warwick Area, the site we were pointed to intervene, is located over this chasm and includes both edges of the inner city and outer city, which means the Warwick Area carries all the functions of both sides.

Almost half a million users, from street traders to commuters, pass through Warwick Junction every day. The Warwick Junction became a fragile "linkage" between two parts of Durban city. They define this place as a "place of collide". We are trying to transform this "place of collide" to a "place of connection".

HISTORY

CEMETERY

MARKETS

ENTRY J
- An connection for a original overpass
- An entry connecting inner city to outer city

ENTRY E
- Dip into the place for commerce and parking lot
- A space with wide step for rest

ENTRY F
- Connecting city road to vertical park

ENTRY G
- The present junction and parking lot will transform into temporary dwells after rebuilded in the recent future
- A significant entry for people in outer city

GREEN PARK
- It extends from and is connected to the cemetery
- The flyover park is higher than the cemetery in the inner city and the nearby buildings in the outer city. So the sight from here won't be blocked.

ENTRY H
- Temporary dwell for native traders
- A significant entry for people in inner city

ENTRY A
- An space for passenger from west city in short term intervention
- Taxi station in the recent future

ENTRY I
- One of the main entries for vertical park which connected to cemetery

ENTRY D
- Dip into the relationship of overpasses
- Aim to activate space nearing the entry
- Connection to complex building by vertical greenland

ENTRY C
- An significant entry for outside city
- The place make up with commerce site and vacant site
- Change the vacant site into greenland
- Connecting to park in complex building

GREEN PARK
- It's connected to the residential and commercial area, as a supplement of public and open area.
- Meanwhile, the flyover park is a walkable connection between the inner and outer city, which relieves the fragmentation caused by the railway and flyover highway.
- The cemetery is part of the urban green axis. It will be connected with other scattered green parks in the inner and outer city by the flyover green parks, which will form a small regional green network.

ENTRY B
- An entry for passengers from east city
- Taxi station
- Connecting to inside city street
- Bring some green to residents, traders, passengers

FUNCTION
DETAIL USE OF THE FUTURE JUNCTION

The complex we build contains most supplement of the functions people around the Warwick Area need.

This complex draws those activities used to be pulled apart back to the complex over the chasm.

ECONOMY
Comparison In Economy

South Africa / Asian

Edu High-tech Worker Office Service

Compare South Africa and Asia from the five aspects above, a conclusion would be drawn that South African's competitiveness is relatively poor because of the lack of skilled technical guidance.

Labor force / Investment on education and health
After WWE
Africa
Europe
After 1980's
Asia
Africa
Europe

South Africa's labor force used to beat Europe's because of the low cost before the 1970s.
But South Africa lose its superiority after the involvement of same low-cost labor force from Asia, which is obtained better Education and Health investment.

Medical Care Training

The further development strategy for the Warwick Area, even the South Africa, would focus on the vocational training and health insurance.

Due to having received better education, unskilled Asian labor is more productive than South African unskilled labor. Asia has invested in the health of its workforce, thereby reducing the artificially created scarcity of skilled labor.

FORCE OF THE SUTURE

Force Flow

Before / After

The Warwick Area is a barrier, the people there have many diverse needs, pedestrian flow is cluttered, which is exacerbated by a lack of connections between function nodes.

The complex will meet most needs around the Warwick area, people's activities towards the complex would be the FORCE to draw two parts together.

informal trader / passages / Warwick station is custom case / traveller

informal trader / trainer / children / passages / traveller / resident / Warwick station is inner type

Through the new architecture, various functions will be organized effectively, Warwick will become a comprehensive hub of contact between each function of the complex.

Before / After
under construction / vacant
Office / Park / Cemetery
Resident / Transport / Medical

Medical / Children Care / Training
Residential Transport Information

Comprehensive functionality will be concentrated on the upper part of the center's connection structure, changing the original irrational distribution function, gathering the necessary functions. The original, unreasonable function node distribution will be changed; critical functions are now grouped together.

NEW BUILDING

MARKETS

TRANSPOTS

BRIDGES

DEVELOPMENT
THE DEVELOPMENT OF THE STATION ITSELF

LONG
"Joint by the SUTURE"

MEDIUM
"Adjust the EDGEs"

SHORT
"Stick the PINs"

LONG TERM - LARGE SCALE INTERVENTION

国际建筑师协会（UIA）大学生建筑设计竞赛获奖作品集（1984-2017）

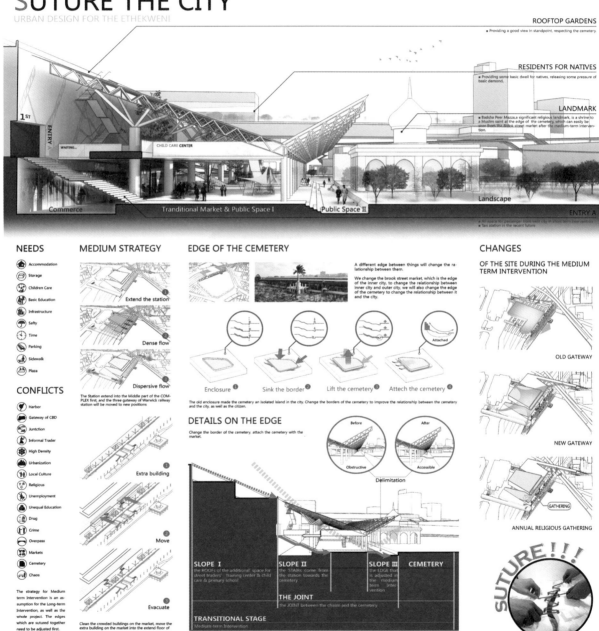

INTERVENTION

The strategy for Medium-term Intervention is an assumption for the Long-term Intervention, as well as the whole project. The edges which are sutured together need to be adjusted first.

MEDIUM TERM INTERVENTION - TRANSITIONAL STAGE FOR THE BROOK STREET MARKET

After the COMPLEX is built, a lot of change will be brought to the Warwick Area. For example, only in the Brook Street Market, the passengers' gateway was moved away from there, and the traders' training and children care agency are added in this Market. The change in the architectural products and functions will lead movement of different target people, which takes time and may cause some conflicts.

Therefore, the COMPLEX cannot come to the site directly, and the change it will bring to the site should be acknowledged by the people who live and work here gradually. In our strategy the exotic COMPLEX lay its little feet around the site in the city first instead of its large body. Those little FEET is the PINs we are about to stick in the city at the short-term intervention. Those PINs are actually some different facilities or agencies whose functions are decided by the needs of its surroundings, which will take place in a comparatively short term. Those street traders generally don't have fixed stalls. The great mobility of them will easily leads those street traders to move towards and gather around the PINs we stick.

The edge where the medium intervention takes place is one of the edges of the cemetery, as well as the edge of inner city abut to the "chasm", which makes the cemetery a crucial role in this transitional stage. If we want to suture the inner city and the outer city over the chasm, the first thing we need to do is to adjust the EDGE. We need to attach the cemetery to the chasm first, which means the Brook Street Market is a joint between the cemetery and the COMPLEX.

The medium term is a transitional stage for the Brook Street Market, as well as the edge of inner city. The Children Care spot have been built, and the traders who bring children to work have already gathered at the Brook Street Market. In the meantime, other PINs within the Warwick Area have also been stuck in position and exert their influence, which means the new COMPLEX is ready to take place within the Warwick Area over the "chasm" to suture the two parts of Durban city together.

Therefore the short-term intervention is the premise to make sure the medium-term intervention will happen and success to guarantee the complex, which is the main strategy of the Long-term intervention, can work.

From the study we have worked on the economy issue of Durban city, we think the sustainable development approach for Durban's society and informal traders is to provide education and health investment to those traders on the streets and markets. In the whole project, we are longing to make the education more accessible for informal traders. The PIN in the edges we were pointed to choose at the Short-term intervention is on the Brook Street in the market, the function of which is a place for Children Caring. This PIN is a starter for the EDUCATION CHAIN.

SUTURE THE CITY
URBAN DESIGN FOR THE ETHEKWENI

ROOFTOP GARDENS
• Providing a good view in standpoint, respecting the cemetery.

RESIDENTS FOR NATIVES
• Providing some basic dwell for natives, releasing some pressure of basic demand.

LANDMARK
• Badsha Peer Mazza,a significant religious landmark, is a shrine to a Muslim saint at the edge of the cemetery, which can easily be seen from the Brook street market after the medium-term intervention.

1ST · ENTRY · WAITING...
CHILD CARE CENTER
Commerce · Tranditional Market & Public Space I · Public Space II · Landscape · ENTRY A
• An space for passenger from outer city in shorts term Intervention.
• Taxi station in the recent future.

NEEDS

- Accommodation
- Storage
- Children Care
- Basic Education
- Infrastructure
- Safty
- Time
- Parking
- Sidewalk
- Plaza

CONFLICTS

- Harbor
- Gateway of CBD
- Juntction
- Informal Trader
- High Density
- Urbanization
- Local Culture
- Religious
- Unemployment
- Unequal Education
- Drug
- Crime
- Overpass
- Markets
- Cemetery
- Chaos

The strategy for Medium term intervention is an assumption for the Long-term Intervention, as well as the whole project. The edges which are sutured together need to be adjusted first.

MEDIUM STRATEGY

Extend the station

Dense flow

Dispersive flow

The Station extend into the Middle part of the COMPLEX first, and the three gateway of Warwick railway station will be moved to new positions

Extra building ①

Move ②

Evacuate ③

Clean the crowded buildings on the market, move the extra building on the market into the extend floor of

EDGE OF THE CEMETERY

A different edge between things will change the rationship between them.

We change the brook street market, which is the edge of the inner city, to change the relationship between inner city and outer city, we will also change the edge of the cemetery to change the relationship between it and the city.

Enclosure ① · Sink the border ② · Lift the cemetery ③ · Attach the cemetery ④ — Attached

The old enclosure made the cemetery an isolated island in the city. Change the borders of the cemetery to improve the relationship between the cemetery and the city, as well as the citizen.

DETAILS ON THE EDGE

Change the border of the cemetery, attach the cemetery with the market.

Before · After
Obstructive · Accessible
Delimitation

SLOPE I
the ROOFs of the additional space for street traders' training center & child care & primary school

SLOPE II
the STAIRs come from the station towards the cemetery

SLOPE III
the EDGE that is adjusted in the medium term Intervention

CEMETERY

THE JOINT
the JOINT between the chasm and the cemetery

TRANSITIONAL STAGE
Medium-term Intervention

CHANGES

OF THE SITE DURING THE MEDIUM TERM INTERVENTION

OLD GATEWAY

NEW GATEWAY

GATHERING

ANNUAL RELIGIOUS GATHERING

SUTURE!!!

MEDIUM TERM - MEDIUM SCALE INTERVENTION

国际建筑师协会（UIA）大学生建筑设计竞赛获奖作品集（1984-2017）

INTERVENTION

The strategy for Short-term Intervention is an assumption for the Medium-term Intervention, as well as the whole project. Some PINs with specific function are stuck into the Warwick Area.

ZONE OF A SIGLE POINT

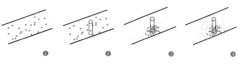

① ② ③ ④

Those PINs use different amenities to draw different target people gathered around them and form some specific ZONEs, which will suit the function that the COMPLEX from the long-term intervention brings to there.

SHORT-TERM INTERVENTION

—CHILDREN CARE AREA WITHIN THE MARKET

Women traders often have no choice but to have their young children or grandchildren with them on the street. There are real dangers for these children – hot cooking liquids, electrical wires, unstable displays and structures, and, most importantly, traffic. In addition to the concern for the well-being of the children, traders find it difficult to manage both childcare and trading. The provision of children care was an issue raised with Project staff by individual traders and by the Self Employed Women's Union.

There have been some Children Care Project in the Warwick Area. The operations team have converted some place into facilities for Children Care. The Project committed funds to establishing the facility, but since the support of Children Care is a provincial government responsibility, the Project could not fund running costs. The church continued to support this initiative and has managed to secure provincial funds.

The school has introduced a school-readiness program and established relationships with local inner city primary schools. These schools tend to have better educational standards than township schools and so the prospects for these children, most of whom are the children of traditional medicine traders, are improved.

The challenge is to improve the environment for these children and to increase the number of children this facility could cope with.

We built a Children care at the added floor under the shed of the Brook Street Market, which is a starter of the Children Care Agency and Primary School in the COMPLEX of the long-term intervention. Those Children of street traders within the Warwick Area will get more opportunities to be educated. Therefore, they will have more options with their future career, as well as the Warwick Area will have more possibilities.

SUTURE THE CITY
URBAN DESIGN FOR THE ETHEKWENI

CHILD **CARE CENTER**

BUDGET ®

The reason why we build Children Care Center here
Firstly, the status quo demand. Women informal traders in Durban always do business with their children.
Secondly, the church, government and union have funded to Children Care projects. 3 We will regard Children Care Center as a catalyst for the development of Warrick district, gradually improving the comprehensive function of Durban.
Thirdly, women traders often have no choice but to have their young children or grandchildren with them on the street. There are real dangers for these children – hot cooking liquids, electrical wires, unstable displays and structures, and, most importantly, traffic. In addition to the concern for the well-being of the children, traders find it difficult to manage both childcare and trading.

Budget
According to the following formula:
W=F×L×p×1/1000
F: Sectional area, mm²
L: Length, m
p: Density, g/cm³
W: Weight, kg

Steel price: 25.6R/kg
Total cost: 20000R

Installation time
The planned constructing period lasts three days. On the first day, prepare construction material and transport it to the site. At the same time, we will train the volunteers, who consist of informal traders for basic construction. On the second day, build the floor slab. Set up the girder, weld pressure-containing board, pave the steel board with wood board above it. On the third day, build the stairs.

Expected life of the catalyst
The expected service life of Children Care Center is about two years.

Connection with other element
We plan to finish constructing Children Care Center in short term. It exists in the previous commercial trade area with informal traders. Woman traders could do business while having their babies kept in the Children Care Center on the interlayer. In the mid-term we will build a primary school for kids. In long term, a three-layer building will be constructed which is server as a place for street trader training and health care for traders. After the long term plan realized, this area will be the education and culture center of Durban.

Sponsors
There have been some Children Care Project in the Warwick Area. The operations team have converted some place into facilities for Children Care. The Project committed funds to establishing the facility, but since the support of Children Care is a provincial government responsibility, the Project could not fund running costs. The church continued to support this initiative and has managed to secure provincial funds.

THE EDUCATION CHAIN

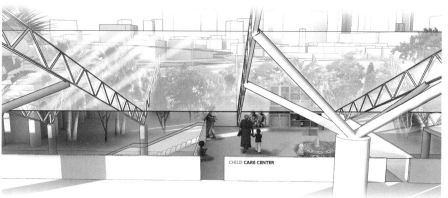

Traning Agency
After Six Months

Primary School
After Two Months

Acknowledgement of Architectural

Upgrade of Education Level

Construction Process

Child Care
One Week Intervention

Traditional Market
The Brook Street Market

SPECIFIC FUNCTION OF SHORT TERM PINS

A flyover park, which was a vacant area.

A public green space, which will activate the negative space under the highway.

An entry with traffic node, which is next to taxi terminal.

Vacant Area

Activating vacant area

Negative Space

Activating negative space

Taxi Terminal

Connect traffic net

CHILD CARE

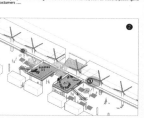

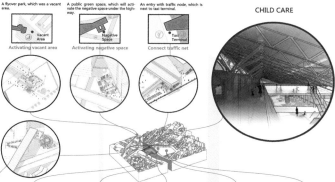

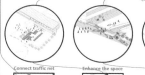

Connect traffic net
A traffic node, which is next to a bus terminal.

Bus Terminal

Enhance the space
A plaza next to commercial buildings.

Commercial

Access to green
A flyover park next to the city road.

City Road

Connect traffic net
A traffic node, which is next to a bus terminal.

Bus Station

Respond the cemetery
An entry to the flyover park, which is next to a corner of the cemetery.

Cemetery

SHORT- TERM STRATEGY

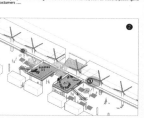

①

Lots of people travel through the Brook Street Market, such as traders, passengers, costumers ......

②

The additional floor within the market is an area for CHILDREN CARE, which will draw traders with kids gather around here. Above the children care area, there will be a primary school and training Agency for traders. the education there is more accessible.

③

After several months, more and more kids come here to get EDUCATION, while their parent get TRAINING at the upper floor in the COMPLEX.

SHORT TERM - SMALL SCALE INTERVENTION

第二名

场所尊严
Dignity of City

参赛学生：周正、卢肇松、古悦、张士骁、高元、鞠曦

指导教师：李昊

方案简介：

城市尊严——生态、文化、生活　　当代科技进步给城市发展带来新的机遇。为此方案提出网络再塑城市的理念。通过对海岸线和城市内部的重要节点进行整理、归纳，利用虚拟网络将他们联系，而作为虚拟网络在实体空间的对应，公共共享平台承接了这种需求。因此我们在高架林立，土地紧张的沃里克地区提出了"星"形规划的理念，作为上述提及"网络再塑城市"理念的实体空间作为，我们要在沃里克社区中心利用铁轨以上和高架以下的消极空间建立起一系列公共共享平台：将联合各种市场的市场综合体、人的活动、社交场所上盖在铁路上，通过公园将高架下的空间串联，由此帮助沃里克建立它的区域社区中心。使得沃里克在德班城市中成为："一个绿港""一个服务于城市的高效换乘中心""一个有吸引力的城市中心"因此我们对未来德班的城市形态进行了设想，在我们的设想中，我们企划了一个具有灵活性特征的区域想法，通过河流、绿地等自然资源和工业遗址更新、是由一个个类似于微型城市的岛屿组成，互相联系。那必然会给城市带来一种新的增长和自然问题的智慧回答。

场地尊严——品质、功能、层次　　作为城市尊严基本要求的场所尊严，是衔接远期和短期的过渡。德班沃里克站在近期环境整治、规范商贩经营、引导流浪汉谋生的前提下，整体环境得到了初步改善，为沃里克站发挥更大的作用提供了基础。但是沃里克站的城市门户形象还未完全得以体现，人流、车流还存在一些矛盾，墓地未发挥更大的开放效应。布鲁克街作为连接沃里克站与墓地的纽带，疏散车站交通的重要通道，改善其状况对沃里克地区乃至德班市具有现实意义。场地尊严的建立在于其清晰的定位与角色。(1) 发挥铁路经济、调整布鲁克街内部的经济活动，(2) 塑造城市形象，确立地区的市民意识，(3) 梳理空间布局，有效组织活动。

人的尊严——存在、参与、实现　　人的尊严是城市尊严的本质要求。布鲁克街作为首要突破点，弱势群体的基本生存条件是困扰和制约这里发展最为紧迫的问题。因此方案结合现状场地特征，选择在这里策划为期一周的搭建活动，主题为 "Create common ground"。在解决人的基本需求之外，同时设置生活、教育以及娱乐等需求的设施，人们不定期地在这里交流、集会、讲课、宣传，以期形成社区中心的某种雏形，从而创造一个共同的基础。过程中技术人员的作用逐步减弱，最后使参与者能够独立完成搭建；搭建活动过程中加入适当的文化娱乐活动（篮球赛、美食节、庆祝活动等），人们互相认识互相帮助，产生凝聚力，并通过媒体的宣传，引起社会关注，获得社会认可，实现自我价值，融入到群体中。举办一周搭建活动之后，搭建的装置沿街自由生长，发展到形成较完整的社区雏形，邻里关系密切，孤独的个体拥有了社区归属感，并作为中尺度布鲁克街整体的秩序层次的梳理进行的前提。

组委会评语：

颁奖礼上，大会竞赛评委会给出了这样的评价："方案具有强烈的当代认知，并利用微小体贴的手法进行建造，充分理解文脉，从而取其精华去其糟粕，让评委会印象深刻。对基地全面、充分的认知，也展示了一个有深度、有层次的视野和一个从长远视角出发所建立的场所。这个议题最重要的是建立一系列连贯的 [共同] 条件。通过创造共同环境、共同场所以及共同基础，反映了学生基于对地块复杂性理解，并对整个空间策划发展进程的把握，如何通过小型干预，达到长远视野目标，从而回应当地城市与居民的诉求。"尽管德班沃里克地区概念竞赛没有形成一个可供建造的建筑和规划，而只是为德班提供了一个可依赖的发展思路，但是方案立足本土，放眼长远，是一个开放的、多元的、地域主义设计的典型案例。

（翻译：周正）

国际建筑师协会（UIA）大学生建筑设计竞赛获奖作品集（1984—2017）

国际建筑师协会（UIA）大学生建筑设计竞赛获奖作品集（1984~2017）

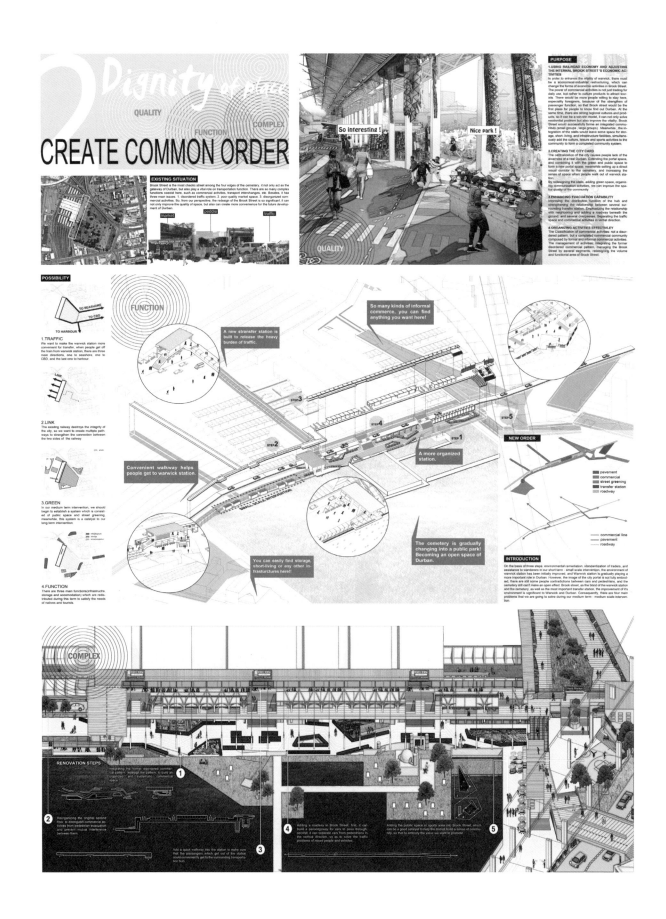

CREATE COMMON ORDER

QUALITY
FUNCTION
COMPLEX

Dignity of place

So interesting !

Nice park !

QUALITY

COMPLEX

国际建筑师协会（UIA）大学生建筑设计竞赛获奖作品集（1984-2017）

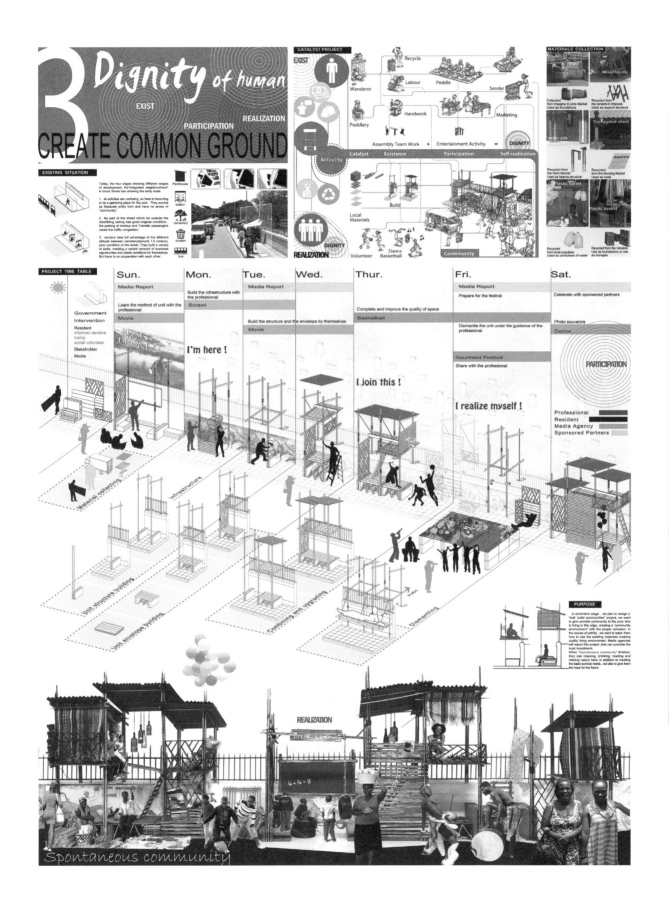

国际建筑师协会（UIA）大学生建筑设计竞赛获奖作品集（1984-2017）

入围奖

缝合，沃威克中心车站更新计划
SEW UP，Warwick Hub Station Recovery Plan

参赛学生：杜怡、宋梓仪、李乐、李长春、刘彦京、李乔珊
指导教师：李岳岩

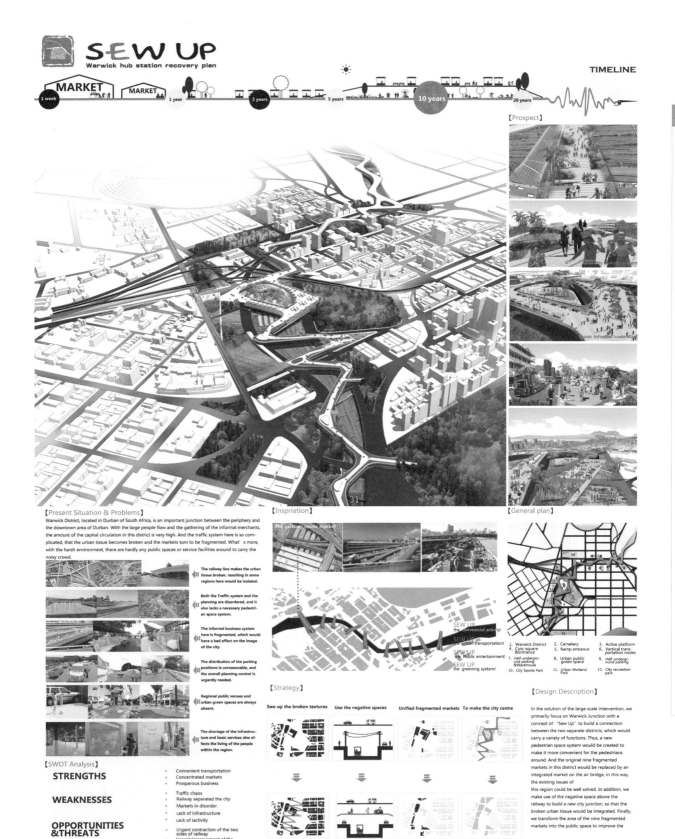

SEW UP
Warwick hub station recovery plan

TIMELINE

1 week | 1 year | 3 years | 5 years | 10 years | 20 years

MARKET | MARKET

【Prospect】

国际建筑师协会（UIA）大学生建筑设计竞赛获奖作品集（1984—2017）

【Inspriation】

The existing music market

SEW UP the commercial activity!
SEW UP the urban transportation!
SEW UP the Public entertainment!
SEW UP the greening system!

【General plan】

1. Warwick District
2. Cemetery
3. Civic square &Entrance
4. Ramp entrance
5. Ramp entrance
6. Vertical transportation nodes
7. Half-underground parking &Warehouse
8. Urban public green space
9. Half-underground parking
10. City Sports Park
11. Urban Wetland Park
12. City recreation park

【Present Situation & Problems】

Warwick District, located in Durban of South Africa, is an important junction between the periphery and the downtown area of Durban. With the large people flow and the gathering of the informal merchants, the amount of the capital circulation in this district is very high. And the traffic system here is so complicated, that the urban tissue becomes broken and the markets turn to be fragmented. What's more, with the harsh environment, there are hardly any public spaces or service facilities around to carry the noisy crowd.

The railway line makes the urban tissue broken, resulting in some regions here would be isolated.

Both the Traffic system and the planning are disordered, and it also lacks a necessary pedestrian space system.

The informal business system here is fragmented, which would have a bad effect on the image of the city.

The distribution of the parking positions is unreasonable, and the overall planning control is urgently needed.

Regional public venues and urban green spaces are always absent.

The shortage of the infrastructure and basic services also affects the living of the people within the region.

【SWOT Analysis】

STRENGTHS
- Convenient transportation
- Concentrated markets
- Prosperous business

WEAKNESSES
- Traffic chaos
- Railway separated the city
- Markets in disorder
- Lack of infrastructure
- Lack of inactivity

OPPORTUNITIES &THREATS
- Urgent contraction of the two sides of railway
- Urgent improvement of the market environment
- Available space over the railway

【Strategy】

Sew up the broken textures | Use the negative spaces | Unified fragmented markets | To make the city centre

【Design Description】

In the solution of the large scale intervention, we primarily focus on Warwick Junction with a concept of "Sew Up" to build a connection between the two separate districts, which would carry a variety of functions. Thus, a new pedestrian space system would be created to make it more convenient for the pedestrians around. And the original nine fragmented markets in this district would be replaced by an integrated market on the air bridge, in this way, the existing issues of this region could be well solved. In addition, we make use of the negative space above the railway to build a new city junction, so that the broken urban tissue would be integrated. Finally, we transform the area of the nine fragmented markets into the public space to improve the

获奖作品及相关介绍 **153**

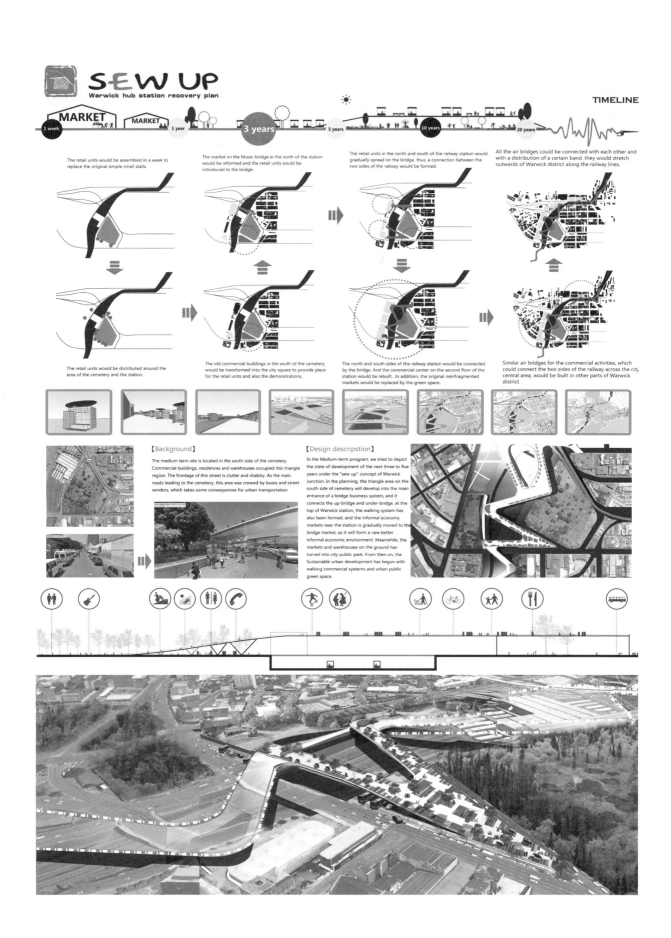

SEW UP
Warwick hub station recovery plan

TIMELINE

MARKET   MARKET

1 week   1 year   3 years   5 years   10 years   20 years

The retail units would be assembled in a week to replace the original simple small stalls.

The market on the Music-bridge in the north of the station would be reformed and the retail units would be introduced to the bridge.

The retail units in the north and south of the railway station would gradually spread on the bridge, thus, a connection between the two sides of the railway would be formed.

All the air bridges could be connected with each other and with a distribution of a certain band, they would stretch outwards of Warwick district along the railway lines.

The retail units would be distributed around the area of the cemetery and the station.

The old commercial buildings in the south of the cemetery would be transformed into the city square to provide place for the retail units and also the demonstrations.

The north and south sides of the railway station would be connected by the bridge. And the commercial center on the second floor of the station would be rebuilt . In addition, the original neinfragmented markets would be replaced by the green space.

Similar air bridges for the commercial activities, which could connect the two sides of the railway across the city central area, would be built in other parts of Warwick district.

【Background】

The medium term site is located in the south side of the cemetery. Commercial buildings, residences and warehouses occupied this triangle region. The frontage of this street is clutter and shabby. As the main roads leading to the cemetery, this area was crowed by buses and street vendors, which takes some consequences for urban transportation.

【Design descripstion】

In the Medium-term program, we tried to depict the state of development of the next three to five years under the "sew up" concept of Warwick Junction. In the planning, the triangle area on the south side of cemetery will develop into the main entrance of a bridge business system, and it connects the up-bridge and under-bridge. at the top of Warwick station, the walking system has also been formed, and the informal economy markets near the station is gradually moved to the bridge market, so it will form a new better informal economic environment .Meanwhile, the markets and warehouses on the ground has turned into city public park. From then on, the Sustainable urban development has begun with walking commercial systems and urban public green space.

国际建筑师协会（UIA）大学生建筑设计竞赛获奖作品集（1984-2017）

SEW UP
Warwick hub station recovery plan

TIMELINE

MARKET MARKET

1 week   1 year   3 years   5 years   10 years   20 years

Shopping is now easier than ever before

Haha, WIFI

Worried to death I have, thankfully, here can be charged

Finally never have to go all the way to fetch water

Whoops, may I use the toilet

Give me a newspaper

Bring friends to see changes here

Really cool, take a break

01 【Demand】

I need rest   I need electric   I need a shelter   I need water   I need WC !   SOLUTIONS?

【Immediate Needs】

①Retail stalls	87%	⑤Chair for rest	91%
②Clean water	69%	⑥Safety	82%
③Toilet	61%	⑦Public phone	36%
④Electric	38%	⑧Vending	44%
		⑨Bus ticket	71%

【The proportion of different function】

①Safe guard	28%
②Toilet	89%
③Tickets	81%
④Retail stalls	59%
⑤Public phone	72%

02 【Principle】

= store model + service model

05 【Water And Electric】

Water   Electric

03 【Different Models】

Ticket machine   Toilet   Safe guard   Retail stalls   Public phone

04 【Section】

①EVA
②Solar panels
③Terminai
④terminal box

section 1   section 2

06 【Construction】

国际建筑师协会（UIA）大学生建筑设计竞赛获奖作品集（1984-2017）

优秀奖

代谢，新生
Combine, Regeneration and Metabolish

参赛学生：兰青、 刘伟、 刘俊、 李小同、钱雅坤、张佳茜
指导教师：李岳岩

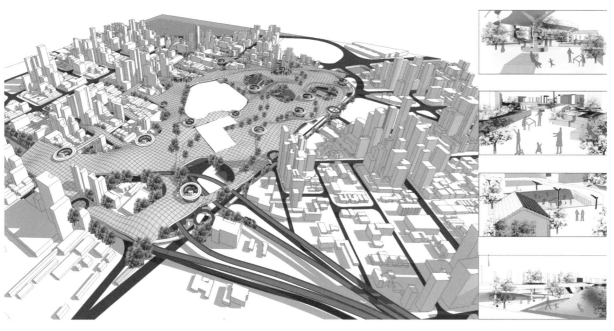

国际建筑师协会（UIA）大学生建筑设计竞赛获奖作品集（1984—2017）

COMBINE — REGENERATION AND METABOLISM

I. BACKGROUND

RELIGION CONFLICT

1.25%	1.45%	73%	0.17%
Hinduism	Islam	Christianity	Judaism

The origin of religion problems:
First, the continuous religion conflicts result from African people attaching importance to their religious beliefs.
Second, nowadays the conflicts between Islam and Christianity are one of the rings in the chain of their long period confrontation in history.

TRAFFIC CHAOS

APARTHEID

Blacks still currently live in poverty. Wealthy whites feel no sense of security. Because of historical reasons, South Africa whites have more land and assets. Many white people can rely on land or property in their hands to live in a well-off life. South Africa's economy is still in control in the hands of whites. South Africa blacks in the lowest have not any assets, so they can only sell labor to make living.

II. SWOT Analysis

SWOT

Strengths
1. Convenient and flourishing transportation
2. More enlightened culture, multicultural coexistence
3. Dynamic transportation modes

Weaknesses
1. The city area divided by interlaced expressway and railway
2. Income disparity, racial polarization in society
3. Fragmented city grain
4. Bus stopping disorderly
5. Mixed vehicle and pedestrian, traffic chaos

Opportunities
1. Multi-centered, multi-focal, segment type diversified arrangement
2. The center area occupied by a cemetery, an interesting intersection
3. Multi-centered layout and city networks

Threats
1. Threatened species in urban area
2. Imperfect infrastructures
3. Continuous religion conflicts

III. Strategy

The religion conflicts result from territories and religious beliefs. How to handle the gaps and boundaries between religions are the issues that need to be considered. By restructuring the functions, more public places are created to promote communications between religions.

TRAFFIC OBSTRUCTION
Relatively widespread mixed change system and ground roads, low accessibility and transport flexibility of small areas.

TRAFFIC INTERCONNECTION
Pedestrian circulations can be created between interchange and ground.

DEFICIENT PARKING LOTS
Serious shortage of conventional parking lots caused a lot of roadside chaos, illegal open and buses stopping or parking freely.

PARKING LOT EXTENSION
Parking lot arranged in the surrounding area of the eight-composite-city cluster.

DISORDERED BUSINESS
Informal trading formed by a mass of vendors, crowds full of noise at hubsites, and the continuously dense activities.

BUSINESS INTEGRATION
Vendors to be integrated around the transportation nodes of the working system, and equipped with a unified infrastructure, tale services and storage places to motor-informal business consolidated and orderly so as to improve vitality of urban public space.

DECLINED TOWNSCAPE
Poor grain free of informal small assets with chaotic façades, polls like others in a stand of stranglers, vies from de-flowing about on the streets.

ENVIRONMENT RESTRUCTURING

A compact city model based on principles of ecological sustainability is used in this alternative which advocates functional composition and land-use intensification as well as emphasizes the design concept of high density development so as to conserve energy, reduce reliance on motor vehicles, and inspire rich and varied city life.

The eight composite city cluster around the central green space spreads outwards linked with public transports. The transfer stations of the urban rail transit are arranged in the core of each city in the cluster, which is within the rational walking distance to form a symbiosis of high density and pastoral landscape of the "cloce city" so as to make the central area of Durban designed as a variety of commercial and residential areas. The squares and public space network improve the quality of life in the area.

Public transport-first policy and compact layout mode make the area of motor vehicle road dramatically reduced so that it increases much more spaces for walking, public activities and greening so as to lay the foundation for promoting urban vitality and enhancing community public activities.

The development form of high density, high strength is used in the eight composite-city cluster in line with Greyville Racecourse, the Durban Botanic Gardens, Albert Park, as well as West Street Cemetery to form a "large centre or large sparse" special green.

PEDESTRIAN AND VEHICLE SEPARATION — CONVERGENCE — ORDER

CONNECTIONS BETWEEN DIFFERENT SKIN COLOR PEOPLE

SITE TRANSVERSAL CROSS-SECTION

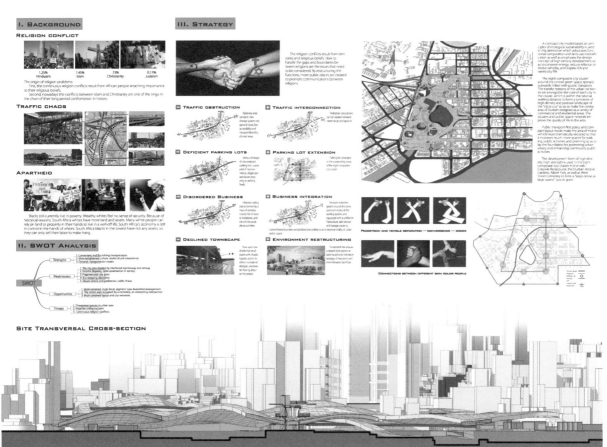

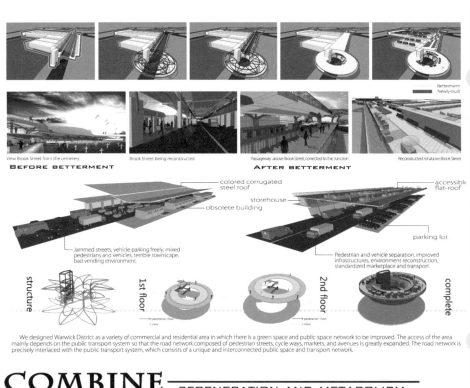

View Brook Street from the cemetery | Brook Street being reconstructed | Passageway above Brook Street, connected to the Junction | Reconstructed rof above Brook Street

BEFORE BETTERMENT   **AFTER BETTERMENT**

Betterment
Newly-built

colored corrugated steel roof
storehouse
obsolete building
accessible flat-roof
parking lot

Jammed streets, vehicle parking freely, mixed pedestrians and vehicles, terrible townscape, bad vending environment.

Pedestrian and vehicle separation, improved infrastructures, environment reconstruction, standardized marketplace and transport.

structure   1st floor   2nd floor   complete

We designed Warwick District as a variety of commercial and residential area in which there is a green space and public space network to be improved. The access of the area mainly depends on the public transport system so that the road network composed of pedestrian streets, cycle ways, markets, and avenues is greatly expanded. The road network is precisely interlaced with the public transport system, which consists of a unique and interconnected public space and transport network.

COMBINE —— REGENERATION AND METABOLISM

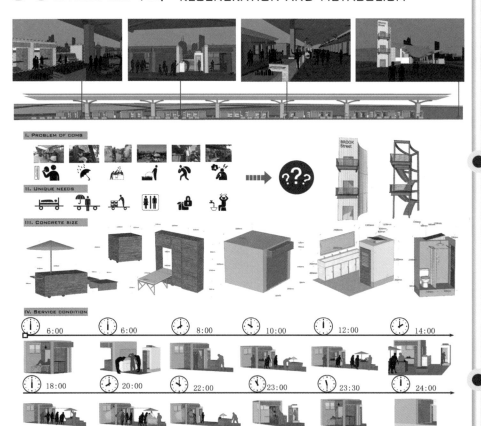

I. PROBLEM OF COMB

II. UNIQUE NEEDS

III. CONCRETE SIZE

BROOK Street

IV. SERVICE CONDITION

6:00   6:00   8:00   10:00   12:00   14:00

18:00   20:00   22:00   23:00   23:30   24:00

THE FIRST WEEK

In space planning, three annular roads and eight radial avenues form the primary transport framework. The outer ring is planned for buses, taxis, cycles, and pedestrians to use. The middle ring is the urban rail transit to bunch the eight composite cities into a cluster.

THE FIRST YEAR

A city mode of compactness, multi-center and sustainable development based on integrated and comprehensive public space and transport system

An interesting public space is around the cemetery to create a diversified local condition.

THE FIFTH YEAR

Create a compact city model based on principles of ecological sustainability. Advocate functional composition and land-use intensification. Emphasize the design concept of high density development so as to conserve energy and inspire rich and varied city life.

THE TENTH YEAR

All constructions are planned within 350 m to the station of LRT, which facilitates people walking to the station and reduces reliance on cars. Sunk arrangement is used for the inner ring which connects eight car parking lots as well as N3 and N4 expressways. The eight radial avenues connect the three annular roads together as well as the inside cemetery.

国际建筑师协会（UIA）大学生建筑设计竞赛获奖作品集（1984–2017）

竞赛颁奖现场合影

2017 年——"后人类都市性：首尔南山——一个具有生态多样性的未来"

Post human Urbanism: the south mountain of Seoul——a future with ecological diversity

二等奖

三等奖

荣誉提名奖

竞赛概况

  从第 26 届 UIA（国际建筑师协会）世界大学生建筑设计竞赛上传来喜讯，建筑学院学子共有 7 组参赛作品获奖。其中硕士研究生一年级李雪晗、李芸、李江铃小组提交的设计方案获得二等奖，指导教师李岳岩、陈静；本科四年级学生杨琨、贾晨茜、高健小组，指导教师苏静、王璐，本科五年级凌益、王江宁、迟增磊、朱可成小组，指导教师李昊、王墨泽、吴珊珊，提交的设计方案分别获得三等奖，另有四组设计方案获国际荣誉提名奖。这是建筑学院学子自 1984 年以来第十次参赛获奖，也是继 2014 年在第 25 届 UIA 世界大学生建筑设计竞赛中包揽第一名和第二名之后，又一次取得的优异成绩，成为该项赛事在一次竞赛中获奖最多的高校，为中国学子在世界上赢得了极大的声誉。

  本次 UIA 大会将于 2017 年 9 月 3 日—10 日在韩国首尔举行，大会主题为"城市之魂"，设计竞赛主题为"后人类都市性：首尔南山——一个具有生态多样性的未来"，旨在探寻新的视角，为首尔中心区征求更新设计概念方案，特别聚焦于生物融合生态学的观念。此次竞赛的挑战在于描绘出一个有机的城市更新愿景，在这里人类不仅是城市的居住者、也是纵横交错的生态圈中的一位参与者。强调通过对首尔市中心南山社区 Haebangchon 村的深入研究，让建筑在各种隐藏形式的公共空间中自由转换，理想中的方案应能够更好地诠释后人类社区、生物融合多样性、社会可持续性以及城市更新等核心概念。

获奖名单

UIA 2017 SEOUL
International Idea Competition
Announcement of Prize Winner

LIST of PRIZE WINNER

PRIZE	REGI. NO	TITLE	APPLICANT NAME	Affiliation
1st (1 team)	0237	Equal Path	Xiuzheng li	Tsinghua University, China
2nd (2 teams)	0062	Carbon Neutral City Under Biological Intervention	Zehua Zhang	Qingdao University of Technology, China
	0353	Patch's Patch	Xuehan Li	Xi'an University of Architecture & Technology, China
3rd (5 teams)	0032	URBAN YEAST	Kun Yang	Xi'An university of architecture and technology, China
	0163	Natural Resources Oriented New Park	Shuai Fang	Northwestern Polytechnical University , China
	0296	SWEET LIFE: A PROPOSAL ABOUT BEES, FLOWERS & COMMUNITY	Yi LING	Xi'an University of Architecture and Technology, China
	0302	Eco-cluster Life	Xiaoyi Feng	Qingdao University of Technology, China
	0336	LIBERATION VILLAGE	Hyeonsung Choi	KROO, Korea
Honorable Mention (20 teams)	0016	Green Alleys	Thibaut Deprez	Thibaut Deprez architecte, France
	0020	Light Nature - An Introduction of "Unfinished Work" to Post-human Haebangchon	Danni Zhang	RISD, USA
	0043	THE NEXT FLOOR	Hong chur-kim	The Mat.E. , Korea
	0048	THE CITY AORTA	Tianying Wang	Qingdao Technological University, China
	0054	VAGUENESS HBC	Ting Leung Henry Chan	Curtin University, Hong Kong
	0083	SEEDS STORY	Kemou NIE	Hunan University, China
	0148	LIFE IN THE GAP	Xianqi Fan	Xi'an university of architecture and technology., China
	0175	From EX-clusive To IN-clusive -- THE WALL IN THE PROGRESS OF URBAN REGENERATION	SHUYU ZHANG	Xi'an University Of Architecture And Technology, China
	0180	Do-kology = Dok+ecology	Jingwen Huang	Qingdao Technological University , China
	0195	Make the Ridge Green Again!	Xianglin Zhang	Qingdao University of Technology, China
	0210	Re_Sowol; revived street	Juyeon Ryu	Sejong University , Korea
	0213	Plotting New Outline for the Future	Kangil Ji	Studio LaM, USA
	0230	CHAINS OF COMPLEXITY: THE COMPINATION OF NATURES, SOCITEY AND ECONOMICS	Xue Zou	Qingdao University of Technology, China
	0257	ZOOTOPIA MODE	Jinkun Huang	Fuzhou university, China
	0271	POP-UP PARK: Online to Offline Renovation of Haebangchon based on an AR Game	Xinran Zhao	Xi'an University of Architecture and Technology, China
	0291	Intergrowth Amusement Park	Shulin Hong	Xiamen Institute of Technology, China
	0299	The regeneration of the earth	Jiaxin FU	Xiamen Institute of Technology, China
	0310	FRAMELESS: softening the boundary between nature and city	GHIYOUN KIM	ChungAng University, Korea
	0338	PARABOTANICA	Min Jae Lee	Seoul National University, Korea
	0362	THE LEVITATING GREEEN AND PLANTING ON THE ROOF: CITY-MICRO RENEWAL OF THE GREEN WHICH AS A VERB	Zhenghu Li	Xi'an University of Architecture and Technology, China

国际建筑师协会（UIA）大学生建筑设计竞赛获奖作品集（1984-2017）

组委会点评

SUMMARY of JURY'S COMMENTS

Over 250 projects from 21 countries around the world were submitted in response to the call for a biosynthetic future on Namsan in central Seoul. Many impressive proposals offered an alternative future in which all life forms share the natural resources on equal footings and can mutually benefit from one another.

An important aspect that the jury looked for in each project was a sign of sincere empathy toward all animals--both human and non-human, as a precondition for a post human urbanity.

The winning proposal, "Equal Path", portrayed a well-balanced environment in which a subtle overlay of aviary-like infrastructure can help sustain livelihoods of fragile non-human animals within a recognizably human habitat.

The second prize winners--"Carbon-neutral City Under Biological Intervention" and "Patch's Patch" respectively addressed important issues of pollution and ecology while still maintaining the relevance of the architectural profession as an active agent of positive change.

Less successful projects were more focused on green energy or urban farming, without abandoning the privileged position of humans within urban ecology.

Overall, the jury collectively felt the competition offered a valuable opportunity for all participants to question the validity of conventional urban environment today and to imagine an alternative future in which all resources can be mutually shared by all.

COMPETITION CONVENER
Jae Uk Chong

JURY MEMBERS
Min Suk Cho (Chair of Jury)
Choon Choi
Gwangya Han
Marc Brossa
Laurent Pereira

竞赛颁奖现场师生合影

照片中从左到右依次是：

后排－徐诗伟、李雪晗、李芸、赵欣冉、姚雨墨、蔡青菲、叶静婕、苏静、王璐、周志菲、李政初、张书羽、吴珊珊、李建红、贾晨茜、李江铃；

前排－陶秋烨、杨琨、韦森、凌益、王江宁、阳程帆、高健、朱可成、王墨泽

二等奖

斑块补丁
Patch's Patch
参赛学生：李雪晗、李芸、李江铃
指导教师：李岳岩、陈静

方案简介：

　　该设计在后人类时代生物复合型都市的背景下提出，人类的态度应从人类中心主义转变为"以退为进"的融合平等生态观，以形成后都市时代的基底反转。即建筑为底图，自然环境为点缀的现状在后人类时代的都市发展中逐渐转变为以自然环境为底图，人居建筑为点缀。并针对首尔解放村具体分析，提出"斑块补丁"的核心策略，按时间顺序采取点状激活—线性连接—网状补丁的手法，考虑各种生物的空间需求，对南山和龙山两大生态斑块连接修补，以提高生物复合多样性，形成更稳定的生态结构。我们的目标是建立生境关系，丰富生物多样性，通过建立生态斑块，未来城市将主要呈现为绿色基底。这样的联系将带来村庄生物多样性的解放，同时，可以为这里的居民带来更好的生活环境，为公共活动提供更多的空间。

　　在该设计中充分尊重生物能量循环系统。人类产生大量的废物，日常生活中的粪便和灰水，可以提供植物所需的营养\生长。当植物成熟时，它可以给人们提供吃的食物。在稻田场上，鱼产生的排泄物供给植物，植物给鱼一些氧与食物。这样，能量在设计系统中被有效地循环。

　　在首尔南山解放村的斑块隔离的现象并不是一个孤立的案例，这反映了全球城市发展中存在的问题，在未来的城市发展中，在未来的城市更新中，我们应更多从生物复合性角度出发，进行斑块修补，从而改善城市生态环境，恢复多样的生态景观，建设生态化、网络化、多功能生态系统。

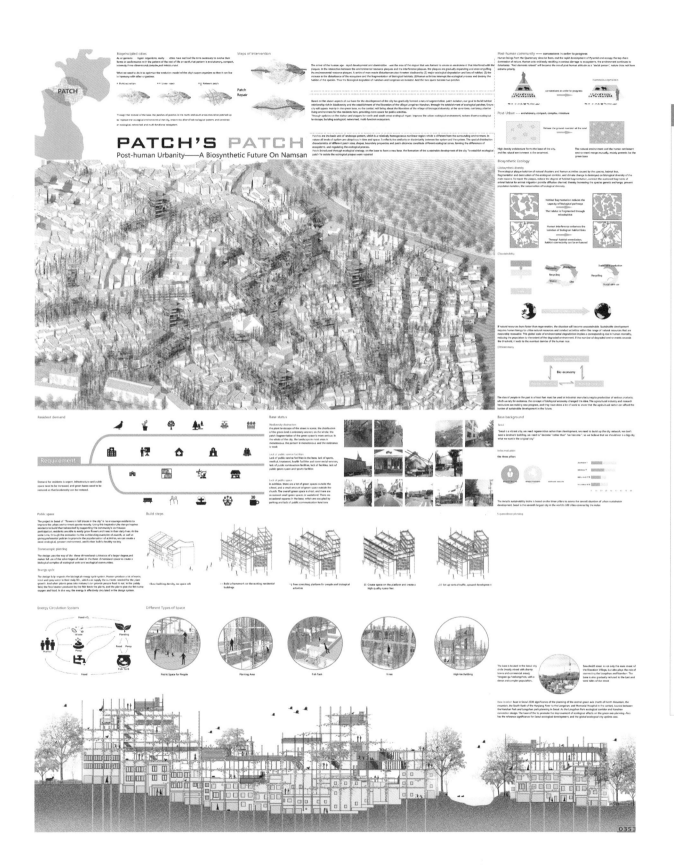

PATCH'S PATCH
Post-human Urbanity——A Biosynthetic Future On Namsan

现场合影

获奖证书

uia›

UIA 2017 SEOUL INTERNATIONAL IDEA COMPETITION AWARD

2nd PRIZE

to

Li Xuehan, Li Yun, Li Jiangling
"Patch's Patch"

For outstanding achievement in the
International Idea Competition of Post-human Urbanity
: A Biosynthetic Future on Namsan

U I A
2017
SEOUL

at the 26th World Architecture Congress, "SOUL OF CITY"
on September 4, 2017 in Seoul, Korea

MOHAMED, Esa
President of the UIA

HAHN, Jong Ruhl
President of the Congress

SEOK, Jung Hoon
President of the Congress

CHONG, Jae Uk
Chair of Student & Young
Architect Committee

国际建筑师协会（UIA）大学生建筑设计竞赛获奖作品集（1984-2017）

三等奖

城市酵母
Urban Yeast

参赛学生：杨琨、贾晨茜、高健
指导教师：王璐、苏静

方案简介：

现代扩张的城市不断地将自然驱赶，吞噬，仅有的绿色如同困兽一般被禁锢在迅猛发展的城市中。他们边界明确，活力不再。而生物合成未来，首先要做的就是唤醒这些被钢筋混凝土所覆盖的土地的绿色生态基因，就像酵母菌能唤醒豆类成为每个韩国家庭离不开的大酱的基因一样。酵母菌就像是一个设计师，它设计规划了这个神奇过程的每一步，直到酱汤勾起人们对家的美好回忆。所以，在后人类的城市更新中，我们何不学学这个生物界的设计师。首先我们要激活南山与龙山，能让"绿色生态酵母"延展进社区，建立城市大绿点之间的联系，使其不再被禁锢孤立，其次在整片社区中选取一些点位，植入绿色生态点，并使之与城市基础设施相连，有了这样的生态合成发生器，接下来就是等待居民与游客乃至各种小动物的参与。人类将主要充当"酵母菌"生长的菌丝，负责将绿点核心合成的"绿色"延伸出去，通过携带种子，种植等一系列行为在整个社区中形成无数新的小绿点，它们继而生长繁殖，编织出一张绿色的生态网络，最终能使生物合成未来的系统从单一的人为设计转变为各物种自行交互设计，让当地物种自行决定它的呈现结果，真正实现自然状态下的城市生态系统运转。

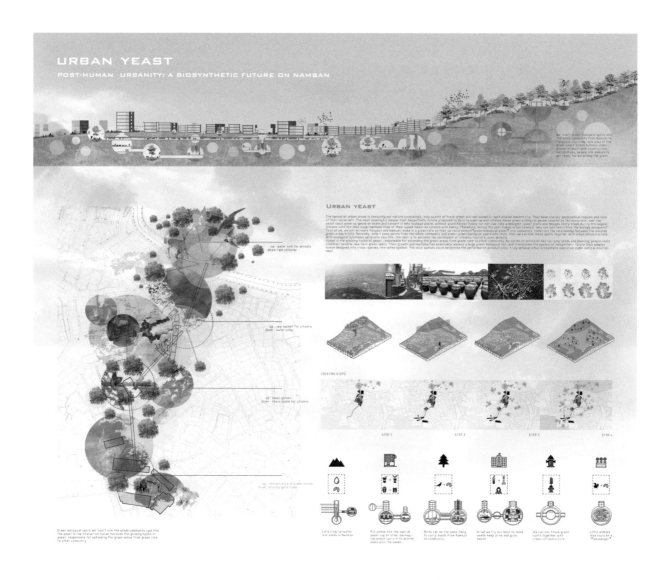

URBAN YEAST

POST-HUMAN URBANITY: A BIOSYNTHETIC FUTURE ON NAMSAN

Urban yeast

国际建筑师协会（UIA）大学生建筑设计竞赛获奖作品集（1984～2017）

现场合影

获奖证书

uia>

UIA 2017 SEOUL INTERNATIONAL IDEA COMPETITION AWARD

3rd PRIZE

to

Kun Yang, Jia Chenxi, Gao Jian
"URBAN YEAST"

For outstanding achievement in the
International Idea Competition of Post-human Urbanity
: A Biosynthetic Future on Namsan

U I A
2017
SEOUL

at the 26th World Architecture Congress, "SOUL OF CITY"
on September 4, 2017 in Seoul, Korea

MOHAMED, Esa
President of the UIA

HAHN, Jong Ruhl
President of the Congress

SEOK, Jung Hoon
President of the Congress

CHONG, Jae Uk
Chair of Student & Young
Architect Committee

三等奖

甜蜜生活
Sweet Life
参赛学生：凌益、王江宁、迟增磊、朱可成
指导教师：李昊、王墨泽、吴珊珊

方案简介：

蜜蜂具有重大的生态意义，而竞赛基地解放村具有优良的养蜂条件，当地的公益组织也正在推广城市养蜂。

鉴于此，设计通过蜜蜂这一媒介来创造新的话题，促进当地不同人群之间的交流，培养人们的生态意识，建立人、动物、自然间的新型关系；我们将蜜蜂与当地传统手工业、创意产业结合以推动经济增长；随着交流更加密切，生态逐步蔓延，经济逐步增长，解放村将呈现出甜蜜生活的美好愿景。

老崔一家是虚构的故事人物。他们在时间上和空间上串联了整个解放村城市再生过程，通过对老崔家族故事的讲述，竞赛方案的各步骤活动策划及空间设计将完整地展现出来。

国际建筑师协会（UIA）大学生建筑设计竞赛获奖作品集（1984-2017）

现场合影

获奖证书

国际建筑师协会（UIA）大学生建筑设计竞赛获奖作品集（1984—2017）

荣誉提名奖

从分制走向包容

From EX–clusive to IN–clusive

参赛学生：张书羽、周昊、阳程帆

指导教师：李昊、王墨泽、吴珊珊

国际建筑师协会（UIA）大学生建筑设计竞赛获奖作品集（1984-2017）

方案简介：

该设计运用自下而上的城市更新理念，对首尔解放村这一特殊的片区进行城市设计。人文层面上，该地区面临北朝人，本地韩国人，美军，暂居外籍人等多种人群构成与多元文化交织。地理空间层面上，该地区作为连接龙山和南山的绿色生物廊道，如何与动植物共存成为挑战。通过对解放村常见红砖墙元素的提取，引导人们通过自搭建进行自组织更新，改善现有空间环境需求，同时引入植物墙，水墙，厨余回收等各种生态墙进行微气候的营造，促使这片区域形成点状至带状的踏脚石，在未来发展为联系龙山与南山的生物廊道。在自下而上的搭建与自组织更新过程中，也实现了多元人群之间的交流与融合。

第一阶段：分离（人情链）　外来族群与本地族群，不同种族，游客居民之间存在着社会隔离，空间隔离，文化隔离。墙作为空间的连接与分离的要素，在解决人的问题——空间配置差异上起到关键性作用。私人空间，不同人不同需求，不同人群文化差异促使边界空间的出现，人的活动完全被空间割裂，社会发展不满足现有解放村狭窄拥挤的空间需求，人们对绿色生态的渴望。针对现有空间问题，选取尽端路，间隙空间，空房子，楼梯，窄巷，陡坡，屋顶空间，学校教堂等公共空间进行以墙为主体的改造更新。

第二阶段：激活（产业链）　不同人群在墙的搭建过程中融合。新的交集与公共活动领域形成，依据各动植物生活轨迹，从习性→需要空间→和人的交集和人的关联。利用当地资源提升经济收益与传统产业的活力复兴，运用去墙和增墙的空间操作手法。改善公共生活公共空间，促使人们交往方式变化，形成促进融合交往的公共活动（壁画，艺术，教育，coffee，公共花园，农业泡菜，生物互利）。

第三阶段：连接（生物链）　墙重新划分空间，形成点状的绿色踏脚石。解放村新的城市关系与空间格局形成。通过墙来消解建筑，运用可再生材料，由第二阶段的生物链到这个龙山与南山地区适宜物种的生物网。人们和动植物和谐共存，形成未来的生态生活空间模式。

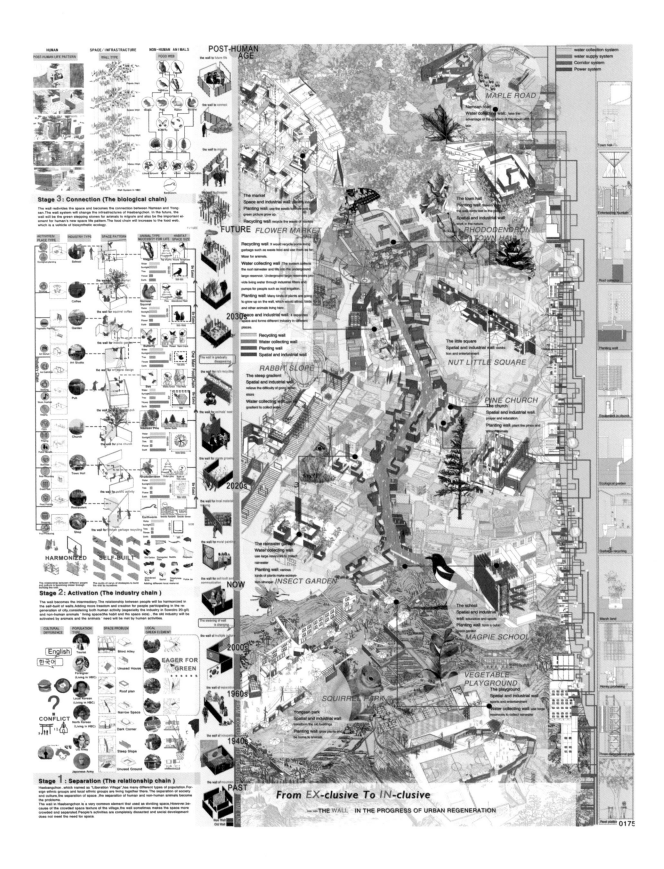

From EX-clusive To IN-clusive

—THE WALL IN THE PROGRESS OF URBAN REGENERATION

国际建筑师协会（UIA）大学生建筑设计竞赛获奖作品集（1984～2017）

174 ┃ 获奖作品及相关介绍

现场合影

获奖证书

uia>

UIA 2017 SEOUL INTERNATIONAL IDEA COMPETITION AWARD

Honorable Mentions

to

Zhang Shuyu, Zhou Hao, Yang Chengfan
*" From EX-clusive To IN-clusive -- THE WALL
IN THE PROGRESS OF URBAN REGENERATION"*

*For outstanding achievement in the
International Idea Competition of Post-human Urbanity
: A Biosynthetic Future on Namsan*

U I A
2017
SEOUL

at the 26th World Architecture Congress, "SOUL OF CITY"
on September 4, 2017 in Seoul, Korea

MOHAMED, Esa
President of the UIA

HAHN, Jong Ruhl
President of the Congress

SEOK, Jung Hoon
President of the Congress

CHONG, Jae Uk
Chair of Student & Young
Architect Committee

荣誉提名奖

弹窗公园
Pop-up Park

参赛学生：赵欣冉、姚雨墨、蔡青菲
指导教师：周志菲、叶静婕、徐诗伟

方案简介：

　　我们的目标是在解放村建立一个连通南山的绿色廊道。建筑改造和种植行为需要长时间可看到结果，我们希望在短期内得到视觉上的反馈，从而鼓励人们参与自主的种植和搭建活动。志愿者首先在南山考查易栽植物种，并在解放村设定具有公共空间潜力的改造点。绳网用于限定人们活动和植物生长的空间，最先被搭建。玩家通过游戏界面提示，在南山虚拟采集物种，在解放村虚拟种植，并可参与到线下的绳网搭建和种植活动中。线上线下行为交替进行改造。结合首尔已有的生态积分制度，将游戏表现纳入个人生态数据，完善首尔的生态数据体系。

POP-UP **PARK**

Online to Offline Renovation of Haebangchon based on an AR Game

CONCEPT

Our goal is to build a green corridor from HBC to Namsan. Given that it often takes a long time to see the results of architectural renovation and planting, we hope to present people visual feedback in a short time by means of encouraging the participation of people in the environmental transformation. An online AR game was designed to work with our offline transformation. Volunteers make a survey about the seeds collected species in Namsan and then select places of public space potential in HBC. At the beginning, the rope nets will be built to confine the space where the people perform and the plants grow. Instructed by the game interface, players 'collect' seeds on Namsan and 'plant' them in HBC virtually. Offline they can take part in the rope net building and planting activities in reality. The renovation is expected to be achieved by online and offline activities alternately. In some ways, the game can bridge the gap of people from different backgrounds and of different ages. During the online and offline process, commensuration and relationship of the participants will be improved. With the existing eco-point system in Seoul, players' game performance will be included in their personal eco data as an important part, which in a long term perfects the eco-data system.

ANALYSIS OF SITE

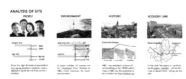

STRATEGY

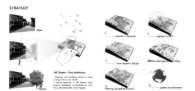

SPECIES IN NAMSAN

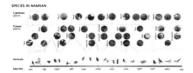

Before the game starts we will make a detailed inspection of the species in Namsan. After that we introduce great number of species from Namsan to Haebangchon. The information of the plants and animals will be recorded online so that players can collect and plant virtually. We will investigate about the seasonal periodicity of growth of lignease plants, flower plants, animals.

GAME PROCESS (online & offline)

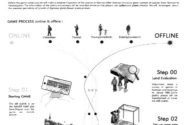

Step 01
Starting GAME

The AR GAME is on the NAVER MAP platform. Players start the game on mobile phone.

Step 03
Searching for seeds in Namsan

Players capture seeds virtually on the screen. Based on online inspection, eco-point has been established online which records accurate location of the plants.

Step 06
Offline planting

According to the online collection of seeds, people plant certain plants together or in confined space, often under or near rope nets.

Step 07
Plant Conservation

Plants need subsequent preservation after it is visited by the elderly and the middle-aged. During the process we hope to build up mutual understanding and feelings among the residents.

Offline eco activity

Step 00
Land Evaluation

Volunteers make a survey of species in human and place to dwell HBC.Some public places will be transformed or covered with plants.

Step 02
Set up rope nets

Residents in HBC work together to set up rope nets.After that plant nets grow on or under the nets.It provides an opportunity to build a good friend ship.

Step 04
Searching in HBC

With the insertion of vivid players enter HBC to find certain place designed in step 00. on screen. During the process we hope to make players go to know and help each other.

Step 05
Online planting

Through the whole player's site the seeds and can see it grows quickly on screen.

Step N
Eco-database in HBC

As the game spreads to other parts in HBC, a ecology online data base will be established.

Eco-database

As the game spread to the city, an eco device to sell to farmed all over the city. People, land, industry will all be covered by the game. Their performance in online and offline planting will become an important part of their eco-points.

ARCHITECTURAL INTERVENTION (offline)

Public places are often scattered in HBC, grow in the small in the corner not between Namsan, so volumes of rope nets are very diverse according to different conditions. They provide an opportunity for people to plant together and communities.

Major transformation is made in important public places such as Sinheung Market,HBC,Cathedral, HBC entrance.

According to different function of places, net form and activities it drivers are different.

New kindergarten   HBC entrance   Sinheung Market   HBC Cathedral

国际建筑师协会（UIA）大学生建筑设计竞赛获奖作品集（1984—2017）

0271

现场合影

获奖证书

uia›

UIA 2017 SEOUL INTERNATIONAL IDEA COMPETITION AWARD

Honorable Mentions

to

Xinran Zhao, Yumo Yao, Qingfei Cai

"POP-UP PARK: Online to Offline Renovation of
Haebangchon based on an AR Game"

For outstanding achievement in the
International Idea Competition of Post-human Urbanity
: A Biosynthetic Future on Namsan

U I A
2017
SEOUL

at the 26th World Architecture Congress, "SOUL OF CITY"
on September 4, 2017 in Seoul, Korea

MOHAMED, Esa
President of the UIA

HAHN, Jong Ruhl
President of the Congress

SEOK, Jung Hoon
President of the Congress

CHONG, Jae Uk
Chair of Student & Young
Architect Committee

漂浮的绿
The Levitating Green and Planting on the Roof
参赛学生：李政初、陶秋烨、韦森
指导教师：周志菲、叶静婕、徐诗伟

方案简介：

我们曾经很苦恼，一个居民生活满意度并且带着他们自己的记忆的地方要用一种怎么样的方式来进行改造？

居住在这块土地过去的日子是美好的，但是随着时间的流逝，要怎么样保证那个记忆中的美好能够延续下去是我们主要考虑的问题。

我们畅想未来的城市，但是未来的城市有太多的可能性，我们渐渐意识到，也许只有居民自己的生活是有一个他们内心的答案。

于是从居民日常的生活出发，我们发现了墙与屋顶的绿植，我们也发现了艺术家对于建筑里面独具匠心的小改造，发现了居民与居民的交流，也发现了居民与艺术家的交流。经济基础决定生活的质量，所以我们考虑如何用一个建筑师的手段来打破从过去延续至今的日常。

标志性的新兴市场的改造是一个爆炸性的信号告诉大家，原来还有这样的模式，然后这样的模式化整为零浸入到解放村的每一条小巷子，我们考虑了不同人群的相处方式，这些不同的相处方式带来不同的建筑改造。

也许到了未来的某一天，真的能够有如我们畅想的那样，日常接纳新鲜的变化，这个变化又成为新的日常，解放村整个地块拥有一个熟悉而又更加科学的模式，绿植成为一个文化与经济的亮点，解放逼仄的道路，鲜花与树芽在屋顶的风中飘荡，蜜蜂和小雀在每一个清晨叫醒窗户里面的人……

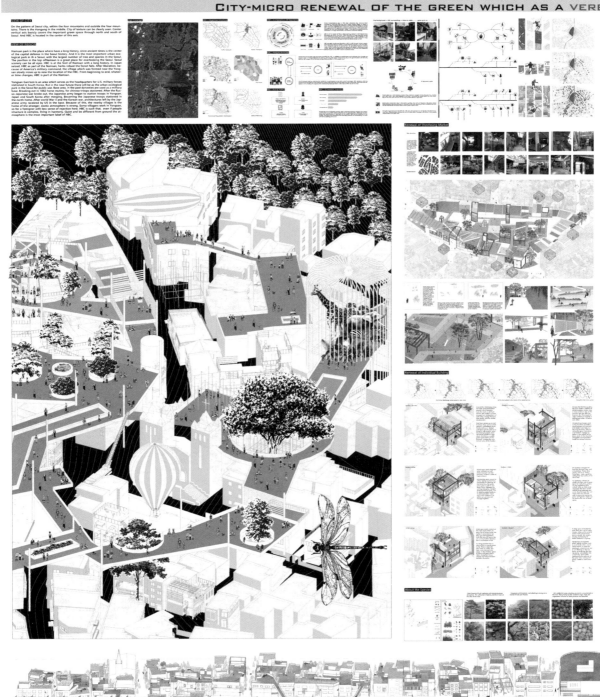

现场合影

获奖证书

UIA 2017 SEOUL INTERNATIONAL IDEA COMPETITION AWARD

Honorable Mentions

to

Zhengchu Li, Wei Sen, Tao Qiuye

*"THE LEVITATING GREEEN AND PLANTING ON THE ROOF:
CITY-MICRO RENEWAL OF THE GREEN WHICH AS A VERB"*

*For outstanding achievement in the
International Idea Competition of Post-human Urbanity
: A Biosynthetic Future on Namsan*

UIA
2017
SEOUL

at the 26th World Architecture Congress, "SOUL OF CITY"
on September 4, 2017 in Seoul, Korea

MOHAMED, Esa
President of the UIA

HAHN, Jong Ruhl
President of the Congress

SEOK, Jung Hoon
President of the Congress

CHONG, Jae Uk
Chair of Student & Young
Architect Committee

荣誉提名奖

一缝一世界
Life in the Gap

参赛学生：樊先祺、郝姗、胡坤
指导教师：陈静、李建红

方案简介：

　　通过对竞赛题目的解读我们希望利用畸零空间的改造逐步改善基地内的生态环境。我们发现，一方面，都市的发展与扩张导致生态空间被逐步挤压，解放村从形成到现在，城市肌理由原生态的自由形态转向"混凝土板结的块"，原有的生物难觅生存空间。另一方面，在解放村高密度的建筑之间，还存在着大量的畸零空间未被充分利用，它们以夹缝的形式存在，紧邻着人们的生活，但却无用而消极。结合这两个方面的矛盾，我们试图通过对基地内建筑之间不同性质的夹缝空间进行多样化的开发利用，为生物重新寻觅生存空间，让生态在这些"缝隙"里重新生长，让生物多样性与人们的日常生活重新和谐统一。

LIFE IN THE GAP

PROBLEMS AND SOLUTIONS

Growing with the rapid urbanity advancement, housing based on the existing context were built more and more intensive, for bigger living area. Meanwhile, increasing entrance hallway and traffic space devide the outer space into varieties of "gap space".

Good living and nature conditions are occupied by the residential buildings, therefore, these "gap spaces" (both notional and visualize) gradually change into "negative space", for parking and banished-setting functions, lacking specific and professional design.

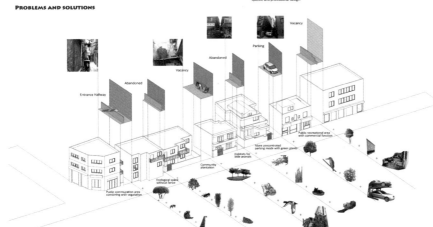

LANDSCAPE PLANNING

Two Urban Axes:
North-South landscape axis+Hangang

Regional Axis:
Northern Mountains
- National Cemetery

One Circle:
Namsan-HBC-Yongsan-Hangang

CONTEXT DEVELOPMENT

Nature landscape   Human intervening   Building compacted

NOTION DEMONSTRATION

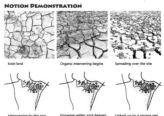

Knot land   Organic intervening begins   Spreading over the site

Intervening by the gap   Growing wider and deeper   Linked up to a strong net

RENEWAL OF THE GAP SPACE

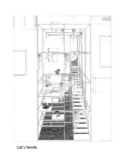

Entrance hallway to each home   Public recreation platform   Cat's family   3D Farm   Vertical Parking

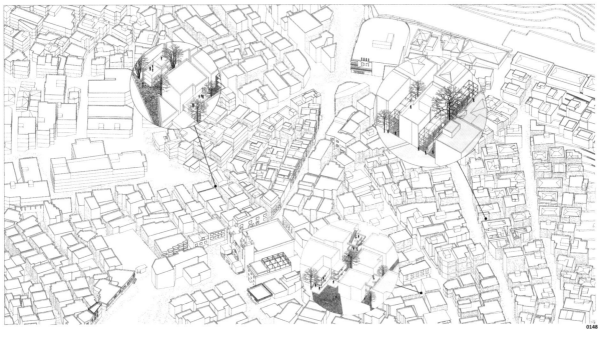

0148

国际建筑师协会（UIA）大学生建筑设计竞赛获奖作品集（1984-2017）

uia›

UIA 2017 SEOUL INTERNATIONAL IDEA COMPETITION AWARD

Honorable Mentions

to

Xianqi Fan, Hu Kun, Hao Shan

"LIFE IN THE GAP"

*For outstanding achievement in the
International Idea Competition of Post-human Urbanity
: A Biosynthetic Future on Namsan*

UIA
2017
SEOUL

at the 26th World Architecture Congress, "SOUL OF CITY"
on September 4, 2017 in Seoul, Korea

MOHAMED, Esa
President of the UIA

HAHN, Jong Ruhl
President of the Congress

SEOK, Jung Hoon
President of the Congress

HAHN, Jong Ruhl
Chair of Student & Young
Architect Committee

竞赛颁奖现场合影

获奖学生笔谈（部分）

WRITTEN INTERVIEWS OF AWARDED STUDENTS

XIAN UNIVERSITY OF ARCHITECTURE AND TECHNOLOGY

周庆华

1984 年参赛获奖学生
建筑学 1979 级
西安建筑科技大学城市规划设计研究院院长、教授、博士生导师

1. 什么样的契机下您参加了那一届 UIA 竞赛？当时背景如何？

　　建筑学专业 79 级的毕业设计是在 1983 年春节后的新学期开始，1982 年 11 月，大家接到老师通知，将要确定一个毕业设计小组（13 人）参加 UIA 竞赛，大家可以自由报名。放假前，13 人的名单确定，并决定有两位同学从假期就到校开始前期准备，整体工作在开学后正式开始。我是当时报名的学生之一，并和吴天佑一起在寒假期间开始了前期准备。当时是改革开放的初期，在建筑学教学方面，正在讨论社会学、经济学等相关学科的融入，参加国际竞赛，正是对相关探索的推进。因此，在设计过程中，同学们将相关学科的结合作为一个重要方面。获奖后在相关报道中，这一点成为被大家认可的一个方面。

2. 在参加竞赛过程中给您留下印象比较深刻的事？

　　13 人的设计组又分为三个小组，分别进行西安北院门（传统旧区）、河南南阳（城市新区）、陕北（乡村窑洞）三个对象的设计。五一节之后，经过认真的研讨，又临时成立了一个新的小组——方法组，作为题目要求的重要响应。题目是：建筑师促成居住者进行的住宅规划与设计，要求有一个方法的设计，使得居住者能够进行自己住房的规划设计。应该说，经过开学后约两个月的认识发展，在设计方向上有了重大调整，不再仅仅是一个具体的住区规划设计方案，而是首先对一种新观念进行解析与设计。方法组在经过约一个月的专题研究解读后，几个同学又回到原来的三个设计组中，承担起各小组方法设计的责任。另外，在调研中给同学们留下的一个深刻印象就是，许多城市居民的居住条件非常差，人均不到 5m^2 的家庭时常遇到，深深感到国家急需在城市住房建设方面进行改革创新。

3. 您对当时获奖的感想？

　　当时是国内院校第一次参加重要国际竞赛。设计的开始阶段，许多同学充满了获奖的欲望，获奖后，更加增强了大家的自信。深度理解题目要求的核心，结合专业探索的前沿，注重多学科融合，对社会现实进行认真的调研与思考等等，成为参赛过程中的重要体会，很多同学在这个过程中得到了多方面的能力提高。因此，这个过程在专业前沿的思考与探索、综合能力的磨炼等方面对后来的学习与工作有重要影响。

4. 其他您认为值得记述的与参加 UIA 竞赛有关的记忆？

　　1983 年初，结合毕业设计，我们 13 名同学组成了 UIA 国际大学生建筑设计竞赛团队，这是我校第一次参加这一重要竞赛，在此之前，我国大学生也从未参加这一活动。作为初次参赛并获得第三名奖励的学生一员，回想 35 年前难忘的经历，思绪万千，不胜感慨……

当时处于改革开放初期，建筑学教育领域正值扑面而来的国外各类思潮、流派、理论的冲击，又面临着各类复杂的现实问题。但以往的培养计划依然是教学的主体，新的课程体系尚未形成，加之国内院校是第一次参加 UIA 竞赛，没有相关资料经验可以借鉴，使得整个竞赛过程是一个特殊的学习与探索的过程，好在许多新的理论与实践已经是老师与同学们课内外讨论的重要话题。在这一背景下，UIA 竞赛成为老师和学生各种前沿思考的汇聚平台。竞赛的题目是"建筑师促成居住者进行住宅规划与设计"。围绕这一题目，传统的住宅设计成果等只是整个方案的一个部分，竞赛首先需要一个方法的设计，这个方法的目标正是促成居住者自己能够参与到住宅设计之中，而具体住宅方案可以理解为是这种有居民参与的设计过程导出的成果示例之一。因此，这是一种新的观念与过程的设计，更多体现的是在社会经济、文化环境、传统营建、居民心理、管理机制等背景下，引导居民参与到社区与住宅各类更新发展活动的过程自身。在当时许多城市家庭人均住宅面积只有几平方米，或者许多家庭首先需要解决住宅有无问题背景下，设计不仅面临许多急需解决的基础问题，而且需要突破固有的设计思维模式，在社会、经济、人文、管理、技术、生态等多学科融合前提下，结合公众参与、个性化设计、内聚力激发等现在依然十分重要的规划路径，形成一套新的设计观念与规划模式，并呈现新的成果。可以想象，这在当时是一个很大的思维跨度与超前设计，必须进行多方面的创新探索。事实上，设计团队正是在经历了常规的住宅方案设计过程后，在时间近半的"五一"之后，临时成立了四个人的"方法组"，专门进行相关研究工作，使得方案设计取得了重要进展。整个过程中同学们涉猎了大量相关学科资料，走访了 13 个城市的不同住区，不仅对设计场地进行了深入调研，更与居民进行了多方面的交流合作，完成了一个很不同的设计过程。虽然可以直接参考的资料极为有限，却也促使同学们自主学习，独立思考，收获颇多。无论是在校园深夜的教室、闷热的苏州河行船上，还是拥挤的列车中……都留下同学们与老师热烈的讨论与思辨的记忆。在获奖后回校聚会的座谈中，大家进行了多方面的总结：

首先，得益于参加竞赛时就具有的获奖愿望。老师与同学们并没有因为初次参加世界最高等级的大学生建筑设计竞赛而对获奖望而却步，而是作为学习中的一个重要目标，从而在方案中高标准要求，尽量精益求精。其次，得益于在多学科融合中的思路拓展。老师既要引导同学们涉猎更多领域的知识信息，摆脱当时较为狭窄的设计程序的束缚，快速填补教学计划中的缺失，也要与同学们共同探讨方案的走向，调整教学思路。同学们则要在设计中不断突破已有的方案，把相关学科知识和前沿成果应用到方案之中，在思辨与拓展中不断完善整体框架。最后，得益于对常规模式的大胆突破与创新思维。方案以问题为导向，实事求是地面对现实，在不断深化的摸索与聚焦中，通过相关要素的简化等方法让居民参与到住宅设计的过程中，并使这些程序方法与案例设计相互补充，从而形成了全新的方案内容和表达方式，展现了新的设计观念与路径。同学们通力合作，相互支撑，强化创新，整体协同，表现出很好的团队精神，增强了社会责任感，也综合修为了个人能力。

　　时光荏苒，当年精力充沛的老师已至耄耋之年，几位先生也已驾鹤西行。回想先生们当年辛勤的身影，我们由衷地感谢他们无私的指导与奉献！同时，也要感谢学校相关部门和竞赛所涉及城市有关部门的多方面支持！时至今日，当年正值芳华的同学们也已步入当年老师们的年龄，甚感欣慰和骄傲的是，13 位同学的努力增强了建筑学子的信心，开启了建大（西冶）UIA 竞赛系列获奖的历程。1983 年以来，又有众多校友同学们在后续的 UIA 竞赛中几乎连续获奖，并荣获联合国教科文组织奖这一最高奖励。三十余年来，UIA奖已成为建大的一个品牌，成为建筑与规划专业培养创新设计能力的特色系列成果，成为建筑学院与国际建筑教育与理论前沿思潮联系和交流的重要平台与窗口。认真总结相关理论探索与实践经验，具有诸多意义。此作品集的出版，应是这一工作的重要组成部分。希望这些凝聚了三十余年来众多学生和指导教师心血的作品的集中呈现能够展现建大建筑与规划专业教育的一个侧面，能够为我国建筑类本科教育和学科的持续发展与改革提供一些有益的启示，也希望有更多学子努力进取，青出于蓝，成就可期！

马健

1993 年参赛获奖学生
建筑学 1989 级 01 班
西安建筑科技大学建筑学院副教授

1. 什么样的契机下您参加了那一届 UIA 竞赛？当时背景如何？

1993 年恰逢我们毕业设计，王竹老师和李觉老师带的组参加 UIA 竞赛，因为对 UIA 竞赛非常感兴趣，就报名参加了。

2. 在参加竞赛过程中给您留下印象比较深刻的事？

国际竞赛不同于其他课程设计，开拓了视野，学到了很多新的知识，也学会了团队合作与相互配合。

3. 您对当时获奖的感想？

没有想到会获奖，觉得辛苦付出终于得到回报，很开心。

4. 您认为参加 UIA 竞赛对您以后的学习与工作有何帮助？

因为这次获奖，在学习和工作中更有信心去面对各种挑战。

5. 其他您认为值得记述的与参加 UIA 竞赛有关的记忆。

由于竞赛交图时间早，我们组没有像其他毕业设计组一样出去毕业实习，看到其他同学在外地实习拍的照片很羡慕，留下一点小小的遗憾。

这次经历给大学生涯画上了一个完美的句号。22 年一晃而过，当年小组同学各自发挥所长、倾力合作的画面依然历历在目，成为人生路上美好的回忆。

UIA 竞赛对自己的人生观和设计理念也产生了一定的影响，因为这次竞赛的主题是可持续发展，在后来出国做访问学者时专门选修了环境保护方面的课程，在后续的工作和生活中也开始关注环境保护和可持续发展。

张彧

1993 年参赛获奖学生
建筑学 1989 级 01 班
东南大学建筑学院副教授

1. 什么样的契机下您参加了那一届 UIA 竞赛？当时背景如何？

1993 年，我参加了 UIA 国际大学生设计竞赛，当年的主题是由美国建筑师协会（AIA）拟定的"处于十字路口的建筑"。当时中国建筑业方兴未艾，国外建筑发展也正处于一个瓶颈期，建筑的未来将何去何从？国际建协对建筑业面临的严峻挑战发出了信号，希望寻求一种可持续发展的未来。

2. 在参加竞赛过程中给您留下印象比较深刻的事？

一晃 22 年过去了，我们作为大四毕业班的学生，在王竹老师的带领下，十余名学生分成三个小组，选取黄土高原特有的聚居形态——窑洞聚落，从不同方向展开研究。一开始没什么头绪，王老师让我们看大量的书和资料，竞赛只有两个月时间，我们都很着急，王老师却胸有成竹的样子。

3. 您对当时获奖的感想？

虽然前面的学长刚获得过联合国教科文组织的大奖，在大礼堂进行了隆重的颁奖仪式，但对于我们自己能够获奖还是既意外又兴奋，也坚定了我们的信念，国际上大奖的获得也不是想象的那么难，只要肯付出，有敏锐的观察力和强有力的执行力，国内的建筑设计水平并不逊于国外的建筑师。

4. 您认为参加 UIA 竞赛对您以后的学习与工作有何帮助？

获奖对我学习和工作的影响是伴随终生的，它教会了我思考建筑设计问题的方法，发现问题、研究问题、解决问题，建筑是需要将自己对生活、对社会的理解融入其中，并对设计中各种矛盾加以协调和解决的过程。这种方法在我 2011 年指导东南大学学生参加 UIA 设计竞赛时显著地体现出来，那年东大学生在 UIA 竞赛中获得了优异成绩。

5. 其他您认为值得记述的与参加 UIA 竞赛有关的记忆。

参加竞赛是一个难忘的过程，团队的合作，同学间深厚的友谊，老师的言传身教都会潜移默化地伴随人的一生。

赵琳

1993 年参赛获奖学生
建筑学 1989 级 01 班
青岛理工大学建筑学院教授、硕士生导师

1. 什么样的契机下您参加了那一届 UIA 竞赛？当时背景如何？

1993 年恰逢我们毕业设计，王竹老师和李觉老师带的组参加 UIA 竞赛，因为对 UIA 竞赛非常感兴趣，就报名参加了。

2. 在参加竞赛过程中给您留下印象比较深刻的事？

小组团队分工合作，共同努力。当最后看到完整的成图时，非常振奋。

3. 您对当时获奖的感想？

在当时国内罕有国际竞赛信息的背景下，能够参与这样竞赛，既拓宽了自身的视野，又在专业知识和技能方面迈进了一步，感觉非常幸运。

4. 您认为参加 UIA 竞赛对您以后的学习与工作有何帮助？

在之后的教学工作中，指导学生参加各类竞赛，是以 UIA 竞赛为起点，逐渐累积教学经验。

尤涛

1999 年参赛获奖学生
城市规划研 1997 级
西安建筑科技大学建筑学院副教授

参加 UIA 竞赛是我读研期间的事，印象中 1998 年下半年整个一学期能回忆起来的就这一件事。一晃已经 17 年过去了。

那年选择的基地是西大街的正学街片区。正学街早先以经营笔墨纸砚等文字用品闻名，后来发展成彩旗标牌印制一条街，不大的家庭作坊一家挨一家，多是下店上宅的模式，街道狭小逼仄，两边却国槐成列，浓荫密布，一排排关中特色的马头墙令人印象深刻。印制作坊的生意十分兴旺，但掩盖不住的整个街道的破败。

方案的标题最后确定为"Work at home"，畅想互联网时代的居民在家工作的状态。方案的设想是，建筑师通过互联网给居民以指导，居民自己来改造自己的家，既是工作，也是生活，自下而上地改变自身的工作和生活环境。

过了几年再去的时候，正学街已经没了半边，另外半边的整个街区已经被开发成高大上的商住综合区，不多的几家印制作坊的生意也已大为凋零。

那半年印象最深的是，参赛小组的几位同学常常整日地圈在西城所一楼那间阴暗的长屋里，激烈辩论着正学街改造的种种策略，回想起来颇有指点江山、激扬文字的豪情。

如果说参加 UIA 竞赛有什么遗憾的话，那就是亲人的离去。交图的当天夜里，我的小姑因为心脏病不治去世了。我昏沉沉补了一整天觉，直到晚上醒来才得到消息。由于赶图，小姑住院期间很少前往探视陪伴，在此谨向我的小姑表示深深的歉意！

陈景衡

1999 年参赛获奖学生
建筑学 1993 级 01 班
西安建筑科技大学建筑学院教授

1. 什么样的契机下您参加了那一届 UIA 竞赛？当时背景如何？

UIA 的国际大学生竞赛是西建大建筑人最引以为傲的舞台，我作为 93 级的建筑学学生入校时曾深受"西冶"建筑学人连续四届在 UIA 竞赛中获奖的辉煌历史的鼓舞，毅然放弃了交大，选择了西冶。

荣幸之至，在五年级时恰好赶上 20 世纪末的 UIA 大会，这是 UIA 历史上第一次将会址定在中国，就是吴良镛先生执笔《北京宣言》的那一届，我们整个年级分三组在毕业设计阶段就开始筹备参加学生竞赛，那次竞赛的主题是"21 世纪的城市住区"，承上启下。

2. 在参加竞赛过程中给您留下印象比较深刻的事？

太多了，当中还包括了许多的人生第一次，最深刻的应该还是与那些小伙伴们展开的严肃宏大的交流思考，当时觉得很过瘾啊！真挚热烈但是确实稚嫩。

3. 您对当时获奖的感想？

获奖时其实没有想象中的激动，去北京领奖就是去释放一下，见识一下。都不记得是怎么上台领奖的，记得给了西冶两个奖。

有一点点"梗"，大概是因为我当时不太服输，觉得我们就是输在表达上。到现在依然觉得刘克成老师启发我们找到了一个链接历史、现在、未来很棒的解题逻辑，在中国最具文化原力的西安选了基地——以"字"为业的传统街区——正学街，回应了 21 世纪将要面临的诸如"传统街区的复兴与更新""集合住宅的改造""废旧厂房的激活与再利用"等命题，面向"work at home"城市世纪工作行为模式变革，借用互联网媒介绘制一个社区的未来。

第一名的解答思路是将一个废旧厂房改成了住区。我专门去看了学生作业展，解题表达得非常清晰自信，当时完全懵了。

4. 您认为参加 UIA 竞赛对您以后的学习与工作有何帮助？

嗯，这种思考问题的方式让我受益匪浅。我一直在消化汲取营养，当时很多环节其实不太能清晰理解，但是对社会、城市、建筑的这种整合性理解方式改变了我对矛盾问题的认识视角。我还记得那时候为了刺激思路，读了很多理论性很强的书，还竟然买过一本大部头的译著《家庭史》，其实根本啃不动，思维跑得很远很偏。但是这对后期我形成自己解释建筑现象的逻辑很有帮助。

白宁

1999 年参赛获奖学生
城市规划研 1997 级
西安建筑科技大学建筑学院副教授

1. 什么样的契机下您参加了那一届 UIA 竞赛？当时背景如何？

当时大学本科毕业，刚上研一，恰逢 UIA 竞赛，刘老师的几个研究生组成一个小组共同参加此次竞赛。竞赛的初期跟随刘老师参与了同本科毕业生一起进行的调研工作，后期小组 7 个成员在刘老师的指导下完成了竞赛设计。

2. 在参加竞赛过程中给您留下印象比较深刻的事？

我们是一个设计小组，大家非常团结，也非常努力。从题目的分析解读，到数不清次数的过程讨论，再到最后成果的提出、绘制，付诸了每一位同学的心血。在成果的最后阶段，小组成员们吃住在所里，刘老师和肖老师两位教授，不仅指导设计内容，在生活上也给予很大关心，肖老师为了给大家补身体，经常给我们煲汤，莲藕排骨汤令我至今回味。

3. 您对当时获奖的感想？

在学生阶段获得这么一个奖项很兴奋，但感触最深的还是大家的集体付出。

4. 您认为参加 UIA 竞赛对您以后的学习与工作有何帮助？

参加竞赛的过程，也是一个研究方法的学习过程，调研、分类、分析、汇总、提出概念以及成果表达，这一过程中有很多方法都对后面的学习与工作有很大帮助，另外，也增强了自信心。

5. 其他您认为值得记述的与参加 UIA 竞赛有关的记忆。

第一次认认真真地团队合作，合作的过程充满了很多乐趣，同时在合作过程中能够学到每个人的所长，让我第一次真正认识到了团队合作的价值。

陈琦

1999 年参赛获奖学生
建筑学 1993 级 03 班
西安市规划局

1. 什么样的契机下您参加了那一届 UIA 竞赛？当时背景如何？

当时大学本科即将毕业，恰逢 UIA 竞赛，与其他一些同学一起参加了此次竞赛，竞赛的阶段性成果被当作毕业设计。那一届竞赛的主题的"21 世纪的城市社区"，题目代表了国际建协在世纪之交对未来社区模式的一种探索。

2. 在参加竞赛过程中给您留下印象比较深刻的事？

我们是一个设计小组，大家非常团结，也非常努力。从题目的分析解读，到过程的多次研讨，再到最后成果的提出，付诸了每一位同学的心血。更重要的是，得到了刘克成和肖莉两位教授的悉心指导。有一段时间大家工作非常辛苦，肖莉老师经常在家里炖好汤拿到工作室给大家喝，莲藕排骨汤的美味至今我还清晰记得。

3. 您对当时获奖的感想？

得知获奖非常激动，感谢两位指导老师的辛勤付出，也很感谢参与竞赛的其他同学，正是大家的共同努力才取得这样的成绩，我为我们这个团队而自豪。

4. 您认为参加 UIA 竞赛对您以后的学习与工作有何帮助？

参加 UIA 竞赛的全过程，事实上是一种研究方法的掌握，这其中包括了基础数据的调研、分析和讨论，也包括了理论框架的梳理，再到理论与具体实践的结合，这些都对后来的学习与研究工作有很大的帮助。

5. 其他您认为值得记述的与参加 UIA 竞赛有关的记忆。

参与竞赛的整个过程虽然很紧张，但也充满了乐趣。刘克成老师与肖莉老师给了我们很大的帮助。印象最深的是刘老师画得一手漂亮的钢笔画和草图，让我们大家羡慕不已，自叹不如。竞赛小组中还有常海青师姐、白宁师姐、尤涛师兄以及朱成琪等同学，大家各有所长，他们每一位都是我学习的榜样。

陈敬

2005 年参赛获奖学生
建筑学 2000 级 02 班
西安建筑科技大学建筑学院副教授

1. 什么样的契机下您参加了那一届 UIA 竞赛？当时背景如何？

　　记得是在 2005 年，当时我们的竞赛是作为毕业设计的题目参加的。我们组一共 6 个人，其中有两个研究生，还有一个外援（是德国过来的交流的学生）。由具有丰富竞赛经验的李军环和王建麟老师带队。当时我们竞赛的主题是极端环境条件下的建筑设计。

2. 在参加竞赛过程中给您留下印象比较深刻的事？

　　竞赛过程中有两件事情对我们来说印象比较深刻：一是指导老师带我们去参观西安周边地区的下沉式窑洞，以及设计小组赴延安、米脂等地去调研当地的窑洞。之前虽然在课上见过窑洞。但是身临其境的调研能够使我们更为直观地认识不同类型的窑洞，感受不同地区的人们在窑洞里面的生活状态，发现窑洞中存在的问题。后来我们设计的概念的出发点也是从发现的问题中得来的。二是设计过程中德国留学生与我们的交流。虽然那个留学生平时的在学校的学习生活状态看似非常随意，但是在交流过程中就会体现出非常的严谨与专业的一面，这是我们所不具备的。

3. 您对当时获奖的感想？

　　当时获奖的第一反应是不太相信，心想牛人那么多怎么会轮到自己获奖。后来经过一段时间的反思觉得这次的获奖其实和之前长期的积累有很大的关系，也感谢指导老师在竞赛过程中给予的指导。我们只能做到尽力，但获奖真的是意外的收获。

4. 您认为参加 UIA 竞赛对您以后的学习与工作有何帮助？

　　UIA 竞赛结束了以后经过反思，觉得竞赛能够得奖是有一定原因的。虽然在竞赛过程中这种意识并不是很强烈，但是事后的反思是我们理解了竞赛的本质与方法，也改变了我们对问题的思考方式，提升了我们解决问题的能力。对于后来参加一些其他的竞赛并获奖有很大的帮助。

5. 其他您认为值得记述的与参加 UIA 竞赛有关的记忆。

　　当时 UIA 竞赛的时间非常紧迫，直到交图的前一天晚上我们还在改图，后来第二天正式图打出来的时候发现两张图上竟然没有序号！最后直接打印了一张序号剪下来粘到图上，然后寄出去了。提起这种窘迫的经历，是想告诉未来的学弟学妹不要像我们一样忙中出错，要从低年级就开始养成良好的学习习惯，在做事情的时候一定要有所计划并坚决执行，绝不要把事情拖到最后一刻才解决。

胡毅

2005 年参赛获奖学生
建筑学 2000 级 02 班
AECOM 设计与咨询（深圳）有限公司中国区　建筑副总监

1. 什么样的契机下您参加了那一届 UIA 竞赛？当时背景如何？

2005 年毕业设计正巧碰上土耳其的 UIA 竞赛，于是在老师的组织下我、张磊、陈敬、徐洋四个人组成团队，参加了这次竞赛，当时的背景比较简单，就是想做一份作业，对大学五年的学习生活画上一个句号。

2. 在参加竞赛过程中给您留下印象比较深刻的事？

印象比较深刻的事有两件：

第一件是当时做黄土渗水实验，那个玻璃容器里面加满黄土好沉啊。

第二件是：去富平的一个小村子实地调研，参观了一个完整的正在使用的地窖，很长见识。

3. 您对当时获奖的感想？

第一直觉是同学开玩笑，因为我知道这个消息是在毕业离校前的晚上，一个其他班上比较关心建筑时事的同学打电话通知的，不觉得是真的获奖了。

4. 您认为参加 UIA 竞赛对您以后的学习与工作有何帮助？

实话讲，没什么帮助，也许对于留校继续深造的同学帮助很大，但是对于我们这些步入社会，走向市场的人，基本上没有帮助，而且得知获奖的时候已经找完工作。

5. 其他您认为值得记述的与参加 UIA 竞赛有关的记忆。

对 UIA 最初的记忆是离校前的一个夜晚，

接到某同学电话："你们组设计获奖了！！"

漫然问道："什么设计？什么奖？"

"毕业设计，UIA 大学生竞赛啊！"

"哦……"这一刻才想起来，原来毕业设计那个作业获奖了。

最初选择这个题目"极限环境下的建筑设计"目的其实就是做一个毕业设计，给大学五年的生活画上一个圆满的句号。当时倒是听说有个设计奖项，可惜浑然没有放入心里。换句话说做个设计之前并没有抱着什么要获奖的心态，只是单纯地做一份作业而已。

接到题目的时候，最先想到的是极限环境。

什么是极限环境呢？达喀尔拉力赛算是极限环境，但是它不需要建筑，或者说与建筑关系不大。

南极洲是极限环境，那儿的人只懂得用冰块盖房子，不错，可是我没办法去取材、勘探。

国际建筑师协会（UIA）大学生建筑设计竞赛获奖作品集（1984–2017）

塔克拉玛干的精绝古城？古玛雅、古阿兹特克的热带雨林？珠穆朗玛的峰顶？海底两万里？月球的背面？

那时候的思维是跳跃的，是自由的。但是想了半天也想不出所以然。最后还是踏实的陈敬提出建议，我们的脚下，曾经八水绕城的长安古镇，现在一些地方不是正在变得挑战极限吗？

缺水、交通不发达、相对闭塞（但是当时空气真好，如果现在做这个题目，随便哪个城市都可以，中国大城市之极限空气）

于是在陈敬的提议下走上了这条极限黄土之路……

徐洋

2005 年参赛获奖学生
建筑学 2000 级 01 班
北京市建筑设计研究院

1. 什么样的契机下您参加了那一届 UIA 竞赛？当时背景如何？

我们参加的是 2005 年国际建协第 22 届世界建筑师大会组织学生竞赛，由学院组织全院师生参加，并作为我们毕业设计的成果。我们一组 7 人，指导老师李军环、王健麟老师给予了全程的指导。

2. 在参加竞赛过程中给您留下印象比较深刻的事？

让人感动、让人怀念 ：当时 UIA 的竞赛规则与章程是英文版。为了大家能更好地理解竞赛要求， 张似赞老师亲自翻译了竞赛规则与章程。这种小事张老师都亲力亲为，尽心尽力，向老一辈的教育工作者们致敬！

宝贵的经历：虽然窑洞是咱们学校的重点科研项目，而上学近 5 年也没有机会见过窑洞。这传统的聚落形式和原生态的建筑形式正在渐渐被人们遗忘。跟着李老师和王老师去关中淳化县（淳化县地坑窑）调研，是我第一次亲眼看到下沉的窑洞，很兴奋。不禁感叹劳动人民的智慧和当地淳朴的民俗民风。这些都是宝贵的文化遗产。

三个月的头脑风暴：我们的竞赛主题是给极度贫穷偏远地区的孩子们修建学校，采用窑洞这种传统建筑形式。当时觉得总是拿传统说事是不是不够有新意，于是我们深入系统的研究传统建筑建构方式，材料运用以及环境处理方法。使设计创作带有一种内在的，经过提炼的地域性，最后出来的方案也脱颖而出。

3. 您对当时获奖的感想？

记得竞赛结果出来时，我已经毕业离开了学校，正在上海找工作。这个奖是对我 5 年建筑学习的一个认可，当时的心情是难言表的兴奋和高兴。相对于其他人的参赛作品，我们在图面表达上并不是最好的，我想我们更多的是赢在了解题上。

4. 您认为参加 UIA 竞赛对您以后的学习与工作有何帮助？

参加国际竞赛对学生来说是一个很好的锻炼。这个过程中指导老师带领同学们一起讨论、相互学习。学习如何解题，寻找问题，解决问题的思路和方法。这对以后的工作实践有很大的帮助。

其次，UIA 的获奖对我之后的法国留学（法国学生不太知道 UIA 竞赛）和找工作并不是决定性的影响，但是可以肯定它是一张很好的名片。

李娟

2008 年参赛获奖学生
建筑学 2003 级 01 班
中国建筑西北设计研究院

1. 什么样的契机下您参加了那一届 UIA 竞赛？当时背景如何？

首先自己是一直比较想参加一下 UIA 竞赛的，起初想着利用最后一个学期参加一下竞赛。但 2008 年初开学就正好是我们大五，最后一个学期就要开始做毕业设计了，当时就面临毕业设计的分组选题。结果当时学校有几个毕业设计的小组课题就是 UIA 设计，所以也是比较凑巧。我就选了李军环老师带的毕业设计 UIA 小组，就同时参加了 UIA 也做了毕业设计，对我们很多学生来说都是一举两得，大家也都比较兴奋。

2. 在参加竞赛过程中给您留下印象比较深刻的事？

这个参加竞赛的过程真的是非常宝贵的记忆和经历。对我来说印象特别深刻的事情就是我们去陕南调研。之前做设计也有过调研，但是这次调研就比较不同，首先人数少了，只有我们小组的几个人，大家所要分担到的调研任务也就相对来说比较重比较繁杂。其次，调研的地方在陕南的山区里，还是那种进了山以后还要往山里走很远的山区，和我们以前所理解的生活很不一样。整个设计过程虽然有反复，但最终的方向是一直向前的。最打动我的，是当地百姓的真诚和淳朴，让我们了解到了很多的风土人情，对我们的调研非常有帮助。

3. 您对当时获奖的感想？

听到获奖的消息以后当然是特别开心，首先觉得这是对我们这一阶段努力的肯定，也是对我们这 5 年建筑学学习的认可。其次也是真的希望我们获奖的作品能被更多的人看到，真的让更多的人和社会团体来关注我们想要表达的和呈现的问题，真的是希望能帮助到村里的居民和更多有着同样问题的农村。

4. 您认为参加 UIA 竞赛对您以后的学习与工作有何帮助？

这次 UIA 的经历，让我知道建筑不是一个独立的学科，它触类旁通的程度永远超乎你的想象，做一个好的建筑师不能封闭自己，需要去学习方方面面的知识，需要考虑和衡量各个方面的利弊，也需要有更多的人文关怀。还有就是，通过这次竞赛让我对一个做建筑设计的流程有了更加深刻的认识，之前的设计都是从任务书开始的，按照它的要求去做。UIA 让我明白，其实做设计不是别人给你什么你做什么，设计的开始应该远远早于那个任务书，首先应该自己去发现问题，同时也应该自己给自己一个目标。

5. 其他您认为值得记述的与参加 UIA 竞赛有关的记忆。

其实一直有一个愿望，就是我们都特别想把我们做的最终成果真真实实地在那个村子里建起来，让他给村民提供生活的便利。这样的愿望，我们一起相约，终有一天，我们一定会实现吧！

职朴

2008 年参赛获奖学生
建筑学 2003 级 03 班
中国建筑西北设计研究院有限公司

1. 什么样的契机下您参加了那一届 UIA 竞赛？当时背景如何？

　　我是刚好参与了两届。08 年是学校组织以 UIA 竞赛为毕业设计题目之一备选，因此就势而为参与了那次竞赛。2011 年碰巧又是竞赛年作为研究生又参与了一次。

2. 在参加竞赛过程中给您留下印象比较深刻的事？

　　外国学生开阔的思路和新颖的表达方式都更先进些。

3. 您对当时获奖的感想？

　　标新立异已然成为谬误，建筑师的微薄之力也许可以促进社会进步。

4. 您认为参加 UIA 竞赛对您以后的学习与工作有何帮助？

　　2008 年竞赛前我们总结和研究了历次优秀获奖作品的概念要义，发现 UIA 的视角都是高远而深邃，而落脚与建筑又是极具代表性，因此花在广义建筑学的精力会多一些，至少通过竞赛看到了些许社会层次的建筑问题。

5. 其他您认为值得记述的与参加 UIA 竞赛有关的记忆。

　　当竞赛尤其是国际竞赛，不是用图面效果选美，更重要的是中肯的创意，稳健的落脚点，清晰的逻辑思路。这其实跟实际的建筑工程并无分别。

孟广超

2008 年参赛获奖学生
建筑学 2003 级 02 班
西安万科产品策划部高级专业经理

1. 什么样的契机下您参加了那一届 UIA 竞赛？当时背景如何？

2008 年我们即将结束学业而要进入社会，在这个时候很偶然也很幸运地参加了这个竞赛。

那个时候的中国整个建筑业都发展迅速，大量的复制建造充斥着城市，UIA 的评价体系和当时中国略显浮躁的设计氛围差异很大，它的视角更宽广、更平静、更真实。能够在执业开始时得到这样一次竞赛的洗礼是尤为难得的。

2. 在参加竞赛过程中给您留下印象比较深刻的事？

最深刻的事情是有关题目选择。

UIA 竞赛主要关注的是参赛者的出发点，来自世界各国的选手，周围的社会环境也是各有不同的，参赛者能否在复杂迷惑的社会中找到最主要的矛盾，是关键。所以对于我们来说，困难的不是解决问题，而是找到问题。刚开始很迷茫，在不断臆想做什么，觉得建筑师充满力量，可以改变一切。

直到有一天，我们来到了秦岭深处的一个最普通的自然村落，通过蹲点，体味出乎意料的艰苦生活，让我们知道臆想之外更多的中国很多人、很多问题无人关注无人解决，这些问题不是超前的，不是高大上的，都是最基本、最普通的。所以大家很矛盾，解决这些常规问题，在竞赛中题目可能没有新意，无法获奖，不解决这些矛盾，作为准建筑师，良心很难交代。

几番周折大家决定放弃获奖的期许，去解决当地村民最基本问题，比如说为上学孩子搭一座最简单最朴素的桥，没有高科技，没有高大上，只是低成本，只是绵薄之力。

做出题目选择一刻，也是做出人生选择一刻，有时候做我们这行，需要把自己的事情置之度外。

3. 您对当时获奖的感想？

没有感想，只有意外，好半天大伙儿都不敢相信，相比别的组的精彩，我们的作品太普通了。也许是这种普通让我们真实，或许是这种真实，让世界找到了我们。

4. 您认为参加 UIA 竞赛对您以后的学习与工作有何帮助？

宽广、平静、真实诠释设计的根本意义，在中国大多建筑师都是自我表现与或开发商意志的完成，而真正忘了最基本的使用者。我经历了 6 年时间去做自己的建筑，之后辞了职，UIA 的经历让我越来越觉得迷惑，觉得需要反思，我知道，我应该忘记自己，从社会出发，从百姓的根本需求出发，第 7 年，我开始尝试做一个真正的建筑师。

5. 其他您认为值得记述的与参加 UIA 竞赛有关的记忆。

当时有幸去都灵参加大会是我第一次出国，领奖之夜和队友起誓将来一定还会回来，那一次直指建筑师最高奖。现在只能笑笑当时的年少轻狂。

只能做的是每一天的每一点工作都不会懈怠。

成为一名朴素的建筑师，为百姓基本的生活的一丁点儿改善努力，这个梦也算圆了。

王汉奇

2008 年参赛获奖学生
建筑学 2003 级 03 班
德国纽伦堡 Haid & Partner 事务所

梁小亮

2008 年参赛获奖学生
建筑学 2003 级 03 班
深圳华汇设计有限公司 副主任建筑设计师

建院五年

2015，距毕业竟已七年有余。2003 年第一次走进建大蓝色校门的那天，距今整十二载。很惊讶一个十二年之久的跨度，竟然已经落印在我们身上。毕业之后，大家各奔东西。而建大的五年时光被我们封存，一次次重温在梦中。

关于 UIA 的经历，很多已经忘记了。只记得当年刚入学不久，抬头能看见往届学长获奖的大横幅悬挂在主楼。等到快毕业时，我们也能有机会参与其中，便欣然报了名。如今回想起来，依旧清晰的，是和李岳岩、陈静两位夫妻导师相处的时光。李岳岩老师高稳如"父"，陈静老师温存如"母"。与这样的导师一起，便少了许多竞赛的紧张感。李老师对同组不同学生各自的想法从不直言臧否，而是站在每一个学生的角度进行拓展与更正，如何立意扣题，如何合理可行……如此一来，大家也能一起相互激发，畅快交流。陈老师会细致入微地对每一处细节做辅导，并总能阅读到每一位学生的优点，鼓励我们。"鼓励"二字，看似轻，实则重。人有时会自我怀疑，自我否定。导师的指正与肯定至关重要。在毕业之后学习和工作的日子里，相处过的不同大师、教授、领导以及同事们，有才高骄尚者，有德艺双馨者，然而仁者，人自爱之。

今年获悉张似赞老教授去世的消息，大家都黯然心伤。一位可敬的导师、可亲的老人、可爱的爷爷是我们多少届学生共同的美好回忆。"为师者，当以行其道于身，率其从学。"老爷爷留给万千学子的每一分钟，都感化众生。

建筑之事，非一己之力。无论工作与学习，无不如此。UIA 的经历带给我们的收获之一，是懂得如何与人合作。大家协作，在彼此的交流、批判、包容、认可和劳作中得到一些收获，使得我们的职业有意义。

建筑"师"是一个标榜个人的职业。而 UIA 关注的是建筑师的社会责任感，更为关注弱势群体和地域文化。

这也是建筑的本真所在。希望有一天，我们不再说，"哪座哪座建筑是我设计的。"而是默默地，通过设计，让世界又一处，又一些人的生活变得更美好了一些……

建院给了我们五年最美好的时光。如今我们这些同学们，大江南北，祖国内外，各有各的日子。而在建院东楼外，一年年新生来，旧生去。而那两排灿烂的法桐总是那样光影斑驳，等待着我们再回东楼……

就此收笔，以免泪下。

吴明奇

2014 年参赛获奖学生
建筑学 2010 级 04 班

1. 什么样的契机下您参加了那一届 UIA 竞赛？当时背景如何？

我们大四第一学期课程设计的题目是 UIA 2014 学生竞赛的题目。在课程设计结束之后，又经过了一个春节，经过了长时间的准备和酝酿，重新设计的方案，并投稿。

2. 在参加竞赛过程中给您留下印象比较深刻的事？

印象深刻的事情主要是大家合作的过程吧，有讨论，有争论，也有合作。记得在大年三十的晚上，几个人还在网络上时不时地讨论两句。在那过去的时间里，感觉是与大家走过来的。

3. 您对当时获奖的感想？

最开始的时候并没有觉得自己能拿到这么好的名次，相反是在获得奖项之后进一步进行反思的过程中又学到了很多，看见了之前并没有注意到的一些亮点。

4. 您认为参加 UIA 竞赛对您以后的学习与工作有何帮助？

参加竞赛在很多方面有促进作用，团队合作、思维方式、时间规划等等方面，而且在互相合作的过程中能看到很多别人的闪光点，也因此能够提升自我的能力。

5. 其他您认为值得记述的与参加 UIA 竞赛有关的记忆。

毕业后，大家都各奔东西了，回忆起那个夏天，充满了各种复杂的情绪。想想当时大家的专注，以至于到现在，我们还没有在一起拍过一张完整的合照。生活还在继续，这段时光只能留在回忆中了。

牛童

2014 年参赛获奖学生
建筑学 2010 级 04 班

1. 什么样的契机下您参加了那一届 UIA 竞赛？当时背景如何？

我们大四第一学期课程设计的题目选用了 UIA 2014 学生竞赛的题目。在课程设计完成之后，我们组成员继续修改了图纸和设计，投稿参加了竞赛。

2. 在参加竞赛过程中给您留下印象比较深刻的事？

和老师组员们的每一次讨论都让我印象深刻，每一次都能有新的认识和思考，不仅是对竞赛题目，甚至思考方式、工作方法各个方面都很有裨益。在这种工作、合作方式中学到的东西是非常珍贵和难得的。

3. 您对当时获奖的感想？

十分惊讶，惊讶过后非常开心，觉得组员和自己的构思、工作成果受到了认可，很多我们当时在做方案时不确定的东西，在获奖后的反思中大概有了一个重新认识的方向。

4. 您认为参加 UIA 竞赛对您以后的学习与工作有何帮助？

参加竞赛的工作过程能够让人在工作方法、合作方式和设计学习各个方面很快成长。而且 UIA 竞赛赛程很长，有充分的时间去努力尽量透彻的思考问题，对于以后的学习工作经历都非常有返溯参考的价值。同时，参加这样一个竞赛，有机会看到、对比来自一个很大范围内的多种不同的设计构思，包括在 UIA 会场看到的各种展览、讲座，开阔了视野更加加深了对这个世界丰富多元的认知。

5. 其他您认为值得记述的与参加 UIA 竞赛有关的记忆。

在竞赛结束之后的很长一段时间，竞赛的荣誉在逐渐的从我们组成员生活中淡去，大家也都各奔东西，那个夏天的惊讶与喜悦应该是我们身处各方也还是共同拥有的记忆。

冯贞珍

2014 年参赛获奖学生
建筑学 2010 级 04 班
青海华亿建筑检测有限公司

1. 什么样的契机下您参加了那一届 UIA 竞赛？当时背景如何？

　　因为大四的课程设计选题时，老师就选择了 UIA 竞赛的题目作为课程设计的题目。当一学期的课程作业完成后，几个小伙伴又选择了继续参加竞赛，也就是说很幸运能用课程作业的时间来参加竞赛，为后面的竞赛方案做出了很大的贡献。

2. 在参加竞赛过程中给您留下印象比较深刻的事？

　　最深刻的就是在查阅资料时，慢慢了解南非人们生活的状态。这个过程是很难忘的。当时有一个黑人母亲在售卖时还必须照看孩子，一周的售卖结束后才能回到城外的家这样的故事，也有女孩因为妈妈去世而必须独立照看小摊，周围售卖的人也尽力帮助她这样的故事。这样的很多故事带给了我们很多灵感。

3. 您对当时获奖的感想？

　　首先是很激动兴奋，然后就会觉得付出就会有收获，只是时间长短而已。

4. 您认为参加 UIA 竞赛对您以后的学习与工作有何帮助？

　　对今后的生活是一种鼓励，希望能做得更好，不仅仅是设计，和同学同事都可以很好地合作。

5. 其他您认为值得记述的与参加 UIA 竞赛有关的记忆。

　　合作的时候虽然有争论，但是却看得出大家的努力，也收获了友谊。

国际建筑师协会（UIA）大学生建筑设计竞赛获奖作品集（1984—2017）

崔哲伦

2014 年参赛获奖学生
城市规划 2010 级 01 班

1. 什么样的契机下您参加了那一届 UIA 竞赛？当时背景如何？

　　大四的时候两个之前有过合作的小伙伴，吴明奇和牛童他们的专业课选题是 UIA，加上这次竞赛的选题偏向于城市设计，所以就一起组队参加了这个竞赛。他们三个建筑学的同学利用专业课的时间做了很多研究，对我们后期竞赛对题目的理解有非常大的帮助。

2. 在参加竞赛过程中给您留下印象比较深刻的事？

　　UIA 的题目很大、很宏观，并不是常规地直接给出基地以及主题的命题方式。事实上它是提供给我们一个南非德班地区沃里克交通枢纽中心混乱的现状，不良的治安，以及杂乱的用地现状。明确指出这是一个长久以来的历史、种族遗留问题，需要我们通过长中短期分步骤慢慢达成目标。所以我们在设计的时候也对德班做了很多研究，发现最需要解决的问题，并以此作为我们改造的短期目标。这次设计也改变了我对于城市设计的理解，收获了很多。

3. 您对当时获奖的感想？

　　意料之外、情理之中。首先我们几个小伙伴一开始就抱着学习感受的态度参加这次竞赛，所以在概念阶段就花费了近半年的时间，不断推敲方案，以及思考当地人需要的究竟是什么。所以整个方案还是很顺畅地出来了。

4. 您认为参加 UIA 竞赛对您以后的学习与工作有何帮助？

　　更多的学会了一种城市设计的思考方式。一种对问题的分析和思考能力。

5. 其他您认为值得记述的与参加 UIA 竞赛有关的记忆。

　　大家一起讨论的过程是最难忘的，以及裴老师对我们每一次的指导，都会给我们新的启发。

罗典

2014 年参赛获奖学生
城乡规划 2011 级 03 班

1. 什么样的契机下您参加了那一届 UIA 竞赛？当时背景如何？

我是大三开学的时候开始参加比赛的，准备比赛的过程持续了整个大三。因为学长班上的专业课正好以 UIA 为题，而班级分组的成员数又小于竞赛要求的成员数，所以需要在外班找几个人作为补充，在这样的机缘巧合下参加了 UIA。当时是以向学长和老师学习为目标，并没有想过可以拿奖。

2. 在参加竞赛过程中给您留下印象比较深刻的事？

对经常讨论到宿舍熄灯，并且还讨论不出结果的印象比较深。一方面我们知道这样的国际竞赛只有拿出出人意料、又合乎情理的方案才能博得评委的青睐，另一方面竞赛用地又远在南非无法亲身体验，所以出方案的过程持续了大半年，期间常常感到能力不够或者想要放弃，而这种感觉在一般专业课中是很少出现的，所以印象深刻。

3. 您对当时获奖的感想？

好高兴。

4. 您认为参加 UIA 竞赛对您以后的学习与工作有何帮助？

我们常常只关注和学习欧美，日本的建筑师，但在 UIA 大会上，我见到其他国家，比如非洲、南美国家的学生作业和建筑师的工作内容，让我了解了更多建筑的可能性，并促使我萌生出国学习的想法。

5. 其他您认为值得记述的与参加 UIA 竞赛有关的记忆。

在颁奖现场遇到清华的庄惟敏老师，庄老师指出了我们教学上的一些不足并给出了一些建议，最后我们两校一起获奖，是非常高兴的。

周正

2014 年参赛获奖学生
建筑学 2009 级 01 班

1. 什么样的契机下您参加了那一届 UIA 竞赛？当时背景如何？

参加三年一届的 UIA 一直是我们学校的传统。我们班的在东楼联合教室，当我读二年级的时候就感受到高年级学长们紧张备战 UIA 的氛围，也初步了解到其学术权威的高度，所以对它早有向往。当 2013 年夏天 UIA 竞赛公布的时候正赶上我毕设选题，打从心底觉得自己很幸运，毕竟能将 UIA 作为本科学业的"句号"是保留很多年的愿望。于是毫不犹豫地选报了由李昊老师负责的 UIA 竞赛小组，也同时游说了几个平日关系很好的朋友一起加入，算是一个很顺利的开始，大家都斗志满满。

2. 在参加竞赛过程中给您留下印象比较深刻的事？

整个竞赛过程其实并不顺利，印象最深刻的事发生在 2014 年 2 月底，在南非实地调研回来之后。由于之前我们所收集的场地信息与实际情况并不相符，李昊老师把我们两个组所有的策略、规划和设计全盘推翻。那会儿大伙心里挺憋屈，真心觉得李老师好狠心，放在别人眼里早就得过且过了，大家都有些不理解。但事后回想起来，才明白这是做学问的正道。

3. 您对当时获奖的感想？

从头到尾大家来没想过获奖这件事，毕竟这是几率太小的事，再加上中间的曲折，大家都只是希望认真完成能给自己五年的学业有个交代。当时拿到奖的时候没回过神，但看到台下带队老师和同伴那么开心，才发现自己的眼泪已然在眼眶里打转，觉得所有努力都没白费。

4. 您认为参加 UIA 竞赛对您以后的学习与工作有何帮助？

UIA 是自己第一次着手跨越文化的异国设计，整个过程中都在学习如何转换角色去思考自己的设计，李老师也一直强调用在地人的价值观去评判我们的设计。过程中对建筑学有了更深的理解，这对于我现研究生阶段的学习很有帮助。

5. 其他您认为值得记述的与参加 UIA 竞赛有关的记忆。

我觉得值得记述的是我们的"临时作战部"，那时我们跟学校要了一个办公室作为小组专用，六个人挤在这个小屋里整整 3 个月，设备齐全，基本上每天都是 24 小时轮班。墙上贴满了概念草图和策略大纲，一进门还有个李老师画像的大"屏风"。每天最重要的两件事：1. 李老师要来了，2. 谁去带饭。我们提交后也在那个教室打闹留影，这些记忆会跟随我们六个人一辈子。

卢肇松

2014 年参赛获奖学生
城乡规划 2009 级 01 班

1. 什么样的契机下您参加了那一届 UIA 竞赛？当时背景如何？

　　刚好恰逢毕业的一年，3 年一届的 UIA 大会适时召开，算是对自己五年学习生涯的总结，因而选择以毕业设计的方式参加 UIA 竞赛。

2. 在参加竞赛过程中给您留下印象比较深刻的事？

　　因为本届 UIA 的主题与往届有很大的差异，既是定向命题，同时又提出以"建筑在他处"这样的新思路来解决问题。面对所要解决的三个层次的问题，分别提出不同的思路，同时又有一定的逻辑性和时间性串联其中。初次如此棘手的问题，是竞赛留给我的较为印象深刻的事情。

3. 您对当时获奖的感想？

　　获奖的时候是大家同时坐在一个世界级很大的会议厅等待最终的竞赛结果，同坐的还有清华大学等国内一流大学以及数所国外优秀院校，怀揣着很忐忑的心情在期待。当然最终的结果振奋人心，也是觉得功夫不负有心人，付出最终会获得回报。

4. 您认为参加 UIA 竞赛对您以后的学习与工作有何帮助？

　　首先我觉得是国际大赛开阔了我们的眼界，可以在一个更高的平台，世界的舞台来审视专业，可以了解同一时期同专业的大家都在做着怎样的事情，有一个横向的比较。在平时的工作中也是对自己的一种鼓励，激励自己朝着一个更加美好的未来去奋斗和努力。

5. 其他您认为值得记述的与参加 UIA 竞赛有关的记忆。

　　我印象最深刻的是最后一个月被关在一个小屋子里冲刺的那段时光，大家艰苦奋斗，一起画图，累了就趴在桌子上休息会，一起熬夜，一起奋斗。也有晚上一起买点水果放松心情，欢乐地看个视频，然后又回去再工作。这样的一种生活令我印象深刻。

古悦

2014 年参赛获奖学生
建筑学 2009 级 01 班

1. 什么样的契机下您参加了那一届 UIA 竞赛？当时背景如何？

那时候 UIA 竞赛是大五的毕业设计课题之一，3 年一届的 UIA 大会对于学生时代的意义早有耳闻，能够参加本身就是一件很有意义的事，并且能够和专业课很优秀的同学们一起合作，对自己也是一次再提高的机会，因此最终选择参加了这次竞赛。

2. 在参加竞赛过程中给您留下印象比较深刻的事？

本次竞赛的主题提到的"建筑在他处"命题与以往明确的设计目标不同，看到题目之初让人很难理解，对任务书的解读花了较长的时间，设计的视角不再是简单的建筑设计，更要求我们对城市、区域、人文等众多方面予以理解与呼应，初期难以入手，切入点也一次次被推翻，真正确定设计方向的时间已经是好几个月之后了。

3. 您对当时获奖的感想？

很遗憾没能去南非参加 UIA 大会，在最终结果出来之前已经得到了入围 4 强的好消息，在国内外众多优秀的参赛者中走到这里已然觉得很满足了，因此在半夜知道获奖的时候非常激动，想想 9 个月的努力没有白费，付出总会有回报。

4. 您认为参加 UIA 竞赛对您以后的学习与工作有何帮助？

参加国际大赛不仅是开阔了我们的眼界，了解国内外学生对设计的不同理解，发散设计思维，同时在后来的的工作中学会更加多元化的考虑问题，解决问题。

5. 其他您认为值得记述的与参加 UIA 竞赛有关的记忆。

我的大五时光大半都是与其他几个小伙伴一起度过的，虽然过程中我们也遇到不少困难，但是大家都没有放弃，在一间小小的办公室里，贴满图纸的墙面，堆满模型材料和零食的桌子，时不时开着玩笑的伙伴，共同努力，分享着快乐、分担着压力，留下很多让人印象深刻的趣事。

张士骁

2014 年参赛获奖学生
建筑学 2009 级 01 班
纽约 Asymptote Architecture 事务所

1. 什么样的契机下您参加了那一届 UIA 竞赛？当时背景如何？

当时刚好是我们毕业季，又恰逢三年一次的 UIA 竞赛，觉得是一个很好的机会，给自己大学五年画上一个圆满的句号又可以参与到这样一个大型竞赛里，很有意义。

2. 在参加竞赛过程中给您留下印象比较深刻的事？

对我来说记忆最深的可能有两点，第一个就是我们那段时间每天都蜗居在东楼 3 楼厕所对面的小办公室里，吃喝玩乐做设计，晚上还常常去南门外小摊买好多吃的回来，特别开心。第二就是我们毕设中期评图的时候，由于我们设计截止期比较早，其实当时我们都已经基本做完了，大家也对我们的方案都挺满意挺有信心的，结果没想到被几个评图的老师批评得很惨，说我们做的东西简直就像大一学生也能做的，没有建筑学生的基本素养，哈哈，我们当时都傻眼了，不过李老师是挺支持我们的，所以大家也就都没太放在心上。

3. 您对当时获奖的感想？

当时很遗憾，由于在纽约上学没有办法和大家一起去南非领奖，但是第一时间知道了这个消息还是挺开心的，那一段时间大家的努力和李老师的指导，让我们对自己的方案都挺有信心的，当然这种信心并不是说一定会获奖，而是我们对最后的方案都很满意，所以获奖当然让我们欣喜，但是也并不意外。

4. 您认为参加 UIA 竞赛对您以后的学习与工作有何帮助？

首先那段时间对我来说是一个特别有趣的回忆，在大学最后一年和几个好朋友一起每天躲在东楼的小办公室里，做设计，画图，谈天说地，很快乐；其次，在过程中李老师的指导对我们帮助很大，李老师指导设计逻辑非常缜密，以小见大，层层递进，关注人，关注城市，帮助我们把设计真正"落地"，这对我之后做设计影响很大；最后，我们的小团队协作也让我学会了很多，大家分工明确，各司其职，需要交流的时候一起头脑风暴，这对任何一个建筑师来说都是必不可少的素质和能力。

5. 其他您认为值得记述的与参加 UIA 竞赛有关的记忆。

UIA 竞赛对咱们建大来说貌似已经是一种传统了，希望大家有机会的话都能积极参与进去，过程珍贵，获奖随缘。

高元

2014 年参赛获奖学生
城乡规划研 2012 级 01 班
西安建筑科技大学博士后

1. 什么样的契机下您参加了那一届 UIA 竞赛？当时背景如何？

优秀的周正、卢肇松同学咨询我是否有想法参与，我欣然答应。

2. 在参加竞赛过程中给您留下印象比较深刻的事？

寻找新的突破点，并且一次又一次的自我肯定与自我否定，历经长时间的审题，确定"dignity"作为主题。

3. 您对当时获奖的感想？

获得国际大奖的惊喜与付出汗水得到回报的喜悦。

4. 您认为参加 UIA 竞赛对您以后的学习与工作有何帮助？

树立自信，在更大的平台去学习。

5. 其他您认为值得记述的与参加 UIA 竞赛有关的记忆。

一间小房子、六个人、吃水果、赶图纸、一起讨论、一起纠结，还有图纸在 deadline 提交时各种 show，还有那顿难忘的晚餐。

鞠曦

2014 年参赛获奖学生
建筑学 2010 级

1. 什么样的契机下您参加了那一届 UIA 竞赛？当时背景如何？

　　UIA 以它"世界建筑学专业学生的最高规格竞赛"而得名，在我校历史上一直保有不错的成绩和参与度。而每 3 年一届，能恰巧在大四这个不高不低的年级遇见它我觉得非常幸运，因为对于当时刚卸任学生会主席职位的我来说，正是可以全身心地投入专业探索、深化思考的本科高年级阶段，选择参加竞赛也是给自己挑战和学习的平台。加上本届的题目"建筑在他处 ARCHITECTURE OTHERWHERE"犹如"建筑师的非建筑"一般本身就有文字游戏的趣味性和对建筑意义以及存在形式的再度思考。

2. 在参加竞赛过程中给您留下印象比较深刻的事？

　　最深刻的事是因为这个比赛的入围，真的去了南非。其实整个竞赛的过程，和队友老师的每一次探讨，每一个阶段都有难忘的经历，包括在南非看到的风景，发生的事，结识的人都是我非常珍惜的财富，他们甚至改变了我对整个人生的某些认知。所以要说最深刻的事，就是因为这个竞赛因为南非，给我的心态带来的改变，对于我个人而言这个意义远大于获奖的结果。

3. 您对当时获奖的感想？

　　真的满满的都是感谢，感谢我的队友们，感谢李昊老师，感谢其他共同奋战相互激励的小组，感谢东楼，感谢建筑学院，感谢组委会，感谢南非，也感谢没有会见我们的埃博拉。我们不只是像我们的参赛作品一样，赋予城市尊严，赋予场地尊严，赋予受众尊严，也学会让自己的生活富有尊严。

4. 您认为参加 UIA 竞赛对您以后的学习与工作有何帮助？

　　毫不夸张，它真的让我站在与以往不同的视角去审视设计，它影响了我对建筑的理解，也改变了我看待生活的某些态度。我们得出的竞赛结果让我明白设计不是付出更多代价才能获得美的物化的结果，而是能够让更多的人、花更少的钱，就能拥有美好的事情、获得更多快乐的可能。学会从长远的视角出发构建场所，对使用者多一份心理的关注，用建筑师的视角去解决城市问题；我想这些都是一个建筑学背景的人能为承担社会责任贡献力量的本质方式。城市设计这有时候比如何做一个耀眼的地标建筑、讨论空间自身美感更具生活情趣和人生智慧。总之竞赛给我的收获来自建筑，用于建筑、但也投射在生活的方方面面。

5. 其他您认为值得记述的与参加 UIA 竞赛有关的记忆。

　　以前总说参加五花八门的课余活动，担任学生会的学生干部会影响学业，但是恰恰是我在学生工作中

国际建筑师协会（UIA）大学生建筑设计竞赛获奖作品集（1984－2017）

获得的经验让我有方式把社会各阶层职务的人们联合在一个活动中为设计的初衷做出贡献，去放大小尺度设计作为发展触媒的作用。所以我个人认为建筑师的神奇在于平衡和把控，丰富的经历和思考有助于建筑师能力的全面建设和感知力的敏感度提升。

杜怡

2014 年参赛获奖学生
建筑学研 2011 级

1. 什么样的契机下您参加了那一届 UIA 竞赛？当时背景如何？

参加 UIA 竞赛时刚开始研究生一年级的生活，UIA 作为世界最权威的建筑竞赛又吸引我们又让我们觉得胆怯，最终在导师的鼓励与指导下与同导们进行了分组报名并着手准备工作。参与此次竞赛一来是为了提升个人的专业素养，二来是为了促进成员相互间的交流与理解并培养团队协作能力。

2. 在参加竞赛过程中给您留下印象比较深刻的事？

由于团队成员第一次合作，又是头一次参与国际竞赛，基地遥远不易调研，初期工作较为混乱且艰难，整个资料收集、整理、分析阶段足足花了三个月时间，一直找不到突破点，团队一度失去了前进的动力。在一次工作汇报中导师带领大家大开脑洞，让团队有了转机。由于做多了课程设计或实际项目让我们容易局限在现实中，而缩小了建筑师的社会职责，忽视了建筑存在的多种可能形式。竞赛正是基于现实而又突破现实的各类想法的平台，注重的是解决问题的能力。此次脑洞大开的会议撕破了束缚，让我们真正意识到竞赛的可贵之处。从艰难前行到茅塞顿开，这个过程成为整个参赛过程中最为难忘的经历。

3. 您对当时获奖的感想？

当得知自己的团队入围世界前 15 名时，我以为是个玩笑，觉得上帝太眷顾我们了。起初我们是抱着提升自我的目的参与的，对于是否获奖没有那么大的期望，只求在过程中不断突破自我，有所成长，这也正是我上研的目的。有了这样的好结果，相信也是一种对于我们努力的认可。也让我确信了，设计竞赛中好的想法远大于看似漂亮的图纸；表达清晰的逻辑远大于看似复杂的分析图。

4. 您认为参加 UIA 竞赛对您以后的学习与工作有何帮助？

参与此次 UIA 竞赛对我的最大的帮助就是团队协作的能力以及注重逻辑思维表达的习惯。半年的合作以及组织协调工作让我学会辨别个人能力取长补短，并且合理安排工作进程。同时，让我学会把重点从吸引眼球的表面主义转到实在的内容上。我相信这些经验会在以后的工作中让我更好地完成任务，脚踏实地地成长。

5. 其他您认为值得记述的与参加 UIA 竞赛有关的记忆。

除了参赛过程中的种种，代表团队受邀参加 UIA 大会也成此次竞赛中让人难忘的经历。领略了南非大草原的风光，也见识了建筑界顶级盛会的风采。就个人感受而言，开拓的视野比多读几本专业书来得更重要。

国际建筑师协会（UIA）大学生建筑设计竞赛获奖作品集（1984—2017）

宋梓仪

2014 年参赛获奖学生
建筑学 2013 级 03 班

1. 什么样的契机下您参加了那一届 UIA 竞赛？当时背景如何？

在研一的十一假期之后李老师与陈老师为了让我们研一群体更快地相互了解，同时也为了给一直空闲的研一上上发条，便通知我们参加这个竞赛项目。

在参加竞赛的时候，正在研一开学第二个月，在这时同导们相互之间都不甚了解，在当时，可以我们说是一组结构松散的竞赛团队，但是大家心中都对这个项目充满渴望，不是对获奖的渴望，而是对做出让自己满意的作品的渴望。

2. 在参加竞赛过程中给您留下印象比较深刻的事？

留下深刻印象的有两件事：一是陈老师严谨的工作态度，我们在陈老师的引导下进行了长达数月的前期调研，正是这次调研的结果，在竞赛后期给了我们大量的现实依据。二是"一年做好一件事就可以了。一旦做了就要尽心尽力地做好"——李老师这句话鼓励我们在疲惫的竞赛后期一直走下去。

3. 您对当时获奖的感想？

幸福来得太快，就像龙卷风。当时我收到了来自大会组委会的邮件，完全出乎我们意料，无比的喜悦夹杂着几分怀疑与忐忑便是我们当时的心情。而在后来，本来只是想做到我们最好的作品，被组委会选中，我觉得这就是对我们的最大肯定。

4. 您认为参加 UIA 竞赛对您以后的学习与工作有何帮助？

参与此次 UIA 竞赛对我的最大的帮助就是团队协作的能力以及注重逻辑思维表达的习惯。半年的合作以及组织协调工作让我学会辨别个人能力，取长补短，并且合理安排工作进程。同时，让我学会把重点从吸引眼球的表面主义转到实在的内容上。

5. 其他您认为值得记述的与参加 UIA 竞赛有关的记忆。

UIA 大会也成为此次竞赛中让人难忘的经历。见识了建筑界顶级盛会的风采，开拓了视野。

李乐

2014 年参赛获奖学生
建筑学研 2013 级

1. 什么样的契机下您参加了那一届 UIA 竞赛？当时背景如何？

研一刚入学，教师节同导们第一次和老师正式见面的时候，李老师就提起让我们参加 UIA 的事情，其实当时还不清楚 UIA 是什么呢，老师说了之后才去了解了这个竞赛。

2. 在参加竞赛过程中给您留下印象比较深刻的事？

改图改得很痛苦！最开始的时候完全是茫然的，大家就一直讨论要怎么做，但其实都是一些很散的想法，没有逻辑（陈老师一直在强调这个），就感觉无从下手，一直没有东西出来。后来老师看不下去了，就说你们先按照想法把图画出来然后再调整。第一次给老师看图的时候就是被老师各种指责，组里面一位同学还当场有点发脾气，因为当时为了给老师看，画图确实画的很辛苦，不过老师也安慰了大家。那次之后感觉大方向才渐渐明晰，然后就一直这么做了下来。过程中间就觉得老师很厉害啊，我们无数次跑偏的时候，老师会很及时地发现并且指正我们，所以也改图改了很多次。

3. 您对当时获奖的感想？

就是完全撞大运啊……实话说我们没有任何一个人有过获奖的想法，当时交图的时候就觉得终于要交图了！之前李老师鼓励我们说万一撞大运获奖了呢，但是大家都是当成一个玩笑在听啊，结果就真的获奖了。

4. 您认为参加 UIA 竞赛对您以后的学习与工作有何帮助？

建立了一套城市设计的逻辑和方法吧。之前本科的时候没有接触过城市设计方面的东西，所以在最开始做的时候真的蛮无力的。两位老师发现了我们这个问题，就一直在给我们讲解和传授城市设计方面的知识，然后直接就在竞赛里实践，真的觉得受益匪浅。

5. 其他您认为值得记述的与参加 UIA 竞赛有关的记忆。

团队合作真的很有意思。整个竞赛持续了 8 个月左右，在这 8 个月里无数次的讨论修改，无数次的争执，互相反驳，甚至包括中间发生的一些不愉快，之后都变成了可以互相吐槽的段子。

李长春

2014 年参赛获奖学生
建筑学研 2013 级

1. 什么样的契机下您参加了那一届 UIA 竞赛？当时背景如何？

UIA 竞赛是当今世界建筑学专业学生的最高规格竞赛，被誉为"世界建筑学专业学子的奥林匹克大赛"，作为一名建筑学学生，在读期间能跟同学们参加一次这样级别的竞赛，与全世界优秀的学子们同台竞技、切磋交流是一笔珍贵的财富；做每一件事，我更重视和珍惜在过程中学到的东西，不管结果如何，大家在一起的经历和回忆、无数次的头脑风暴和解决问题的过程才是最值得怀念的。

在第 25 届 UIA 之前，西建大已经八次获奖，我的导师李岳岩老师和陈静老师也在先前几届中带领学生团队获奖，这也给了我们莫大的信心和动力。

2. 在参加竞赛过程中给您留下印象比较深刻的事？

六个人的团队在竞赛过程中难免会有分歧和不同的意见，大家在过程中不断磨合找到处理不同意见的方法，只是形而上的争吵是没有意义的，慢慢大家都学会了心平气和的坐下来发表自己的意见，导师在这个过程中也给了我们很大的帮助，避免一个团队因为迁就某个人或某几个人的观点而在弯路上越走越远。一个团队整体的战斗力不是靠强势说服的，要多沟通、交流，大家的思想才能趋于一致，并向发力。

3. 您对当时获奖的感想？

其实当时刚听到入围 15 强消息的时候是比较诧异的，我们团队因为在前期竞赛大方向的决定上耗费了大量的时间和精力，这导致后期建模和出图表达的时间被大大缩短，最后提交的作品图面效果很是不尽人意，导师一直在给我们加油打气，这种国际竞赛更多的是思想上的碰撞和交流，图面效果什么的不像国内竞赛那么看重。真的得知获奖后还是很开心的，毕竟团队的心血得到了认可。

4. 您认为参加 UIA 竞赛对您以后的学习与工作有何帮助？

准备竞赛的这些时间里我学到了很多，在与导师和同学的交流过程中意识到了自己很多方面的不足，在团队协作的过程中也领悟到了很多有效的沟通方法。在以后的学习和工作中其实什么时候都不会是一个人的战斗，作为建筑学专业的以后工作中更是如此，我会不断鞭策自己完善自己专业知识的系统构建，在工作团队中努力发挥自己最大的作用。

5. 其他您认为值得记述的与参加 UIA 竞赛有关的记忆。

整个竞赛我们准备了大概有半年的时间，这半年里，两位导师李岳岩老师和陈静老师每周都会听取我们团队的阶段性汇报，跟我们一起进行头脑风暴。老师从来不会说哪个观点和想法对还是错，而是通过实例之类的博古通今让我们自己去思辨，给我们介绍了很多新潮的规划设计思想和SWOT等分析问题的方法，真的是受益匪浅。跟团队的同学们在一天天的交流碰撞中结下了深厚的友谊，参加UIA的经历的的确确是我人生中一笔宝贵的财富。

刘彦京

2014 年参赛获奖学生
建筑学研 2013 级

1. 什么样的契机下您参加了那一届 UIA 竞赛？当时背景如何？

2014 届 UIA 大赛是我开始西安建筑科技大学研究生生涯的标志，当时的林林总总还历历在目，当时在李岳岩老师和陈静老师的指导下跟队友确定了参赛事宜，实际上我更多的是带着一种开始新的学习生涯的激情参加的这次比赛，希望自己能在世界级赛场上斩获自己的一席之地。

2. 在参加竞赛过程中给您留下印象比较深刻的事？

参赛过程中印象深刻的事情很多，讨论方案就用了整整半年，每周都会和李岳岩老师以及陈静老师进行一次"头脑风暴"，实际上到最后的时候我们的想象力和创造力已经消耗殆尽，但是老师告诉我们这才是方案的开始，我当时无法理解，也有过迷茫和不知所措，但是最后方案定稿的时候回头看走过的路，虽然歪歪扭扭却一直在前进。

3. 您对当时获奖的感想？

当时收到来自南非德班组委会的邮件，得知我们组入围世界前十五名，同时还被邀请参加在德班举办的 UIA 大会，我们的心情是非常激动的，甚至都已经开始为南非之旅做打算了。而后去了德班参加颁奖典礼，虽然我组未能进入前四，但是建大已经包揽金银双奖，那种身处异国他乡的自豪感油然而生，尤其当颁奖者说出"China，again"的时候，确实感觉到我们的出色表现为祖国赢得了荣誉。

4. 您认为参加 UIA 竞赛对您以后的学习与工作有何帮助？

2014 届的 UIA 大赛于我来说是一次无法忘却的宝贵回忆，通过这次大赛，我明白了建筑师在社会中所处的关键位置，明白了自己的努力可能会为处于水深火热中的人们带来更好的生活，在德班维多利亚市场亲眼目睹的一切让我觉得这个地方确实需要建筑师，确实需要一些改变，我也希望在未来能为这个社会、为这个世界带来更多的改变。

5. 其他您认为值得记述的与参加 UIA 竞赛有关的记忆。

关于 UIA 大赛的回忆太多，如今只言片语的描述只能勾勒出一些片段，其中包含着太多的欢笑和泪水，我们 302 小组为此付出了很多，同时李岳岩老师和陈静老师也一直鼓励我们，并给出了宝贵的建议，甚至在最后我们差点没赶上交稿，但是我们还是成功了，至少对于我们来说，一切的努力都获得了回报。

国际建筑师协会（UIA）大学生建筑设计竞赛获奖作品集（1984—2017）

李乔珊

2014 年参赛获奖学生
建筑学研 2012 级

当初参加竞赛是刚进入研二的阶段，专业课基本上完了。接触到新鲜特别的方案设计的机会变少，自身也主要在负责设计课助教的工作和一些工作室的项目前期。但内心一直还期盼着那种为一个设计热情付出，抓住每一个灵感并想方设法将其表达出来的那种设计的过程。所以得知 2015UIA 竞赛就积极的准备报名了。

在方案设计阶段，难的有三点：

一、全局的考虑当地的条件和信息，梳理出一个需要的设计切入点；

二、把设计切入点转变成一系列合理的规划设计；

三、为设计切入点和设计方案做一个故事性的表达。

其中最耗费精力的要数寻找设计切入点，一个灵感的产生一定来自对生活的观察，收集到德班的信息繁杂，各种文化生活建设矛盾交织，设计点既要满足规划要求，又要实实在在解决当地问题，还要特别充满发展性，如果不能一一剥离这些矛盾，那么就顺其自然，用合理的手法将大空间维度的来交织缝补，整个贯穿城市的立体交通容纳了多样性的生活。在这个过程中离不开同伴的坚持和老师的指导，抽丝剥茧的过程也是思维完善成长的过程。

获奖后觉得很意外，也很激动，时间关系最后成果的表达还是有很多不完美的地方，并没有想到一下子能抓住评委的眼球；但仔细想想，也许现在需要的设计真的不是酷炫的表达，去合理而有发展性地解决当地问题，可能才是设计真正需要的。

一个灵感的诞生到其合理成一个设计，也许是每一个设计师最享受的过程了，其中每每绞尽脑汁到才思泉涌的坚持，会化为动力和热情，激励每一个设计师寻找自己的诗和远方。

兰青

2014 年参赛获奖学生
建筑学研 2012 级
机械工业勘察设计研究院

1. 什么样的契机下您参加了那一届 UIA 竞赛？当时背景如何？

2013 年 9 月，正在读研究生二年级的我，从导师处获悉 2014 年 UIA 世界建筑师大会有学生竞赛单元，由于刚刚于 2013 年暑假参与过 2013SDchina 竞赛，对各类国内外竞赛都有着浓厚的兴趣，决定和同导的学弟学妹们一起组队报名参加此次 UIA 竞赛。

2. 在参加竞赛过程中给您留下印象比较深刻的事？

对于我来说，UIA 竞赛的整个过程都是令人难忘的，无论是最初的团队结成、前期资料整理、一次次的修改方案还是最后的连续加班做成图，都是记忆犹新的事情。

3. 您对当时获奖的感想？

在得知获得"最具价值方案奖"时，我和团队的所有成员都感到十分喜悦。虽然没能成为最终竞赛单元的前十团队，但是能够在众多的赛队中凭借自己的方案脱颖而出，这无疑是对我们团队所有成员付出的多半年努力的极大认可。

4. 您认为参加 UIA 竞赛对您以后的学习与工作有何帮助？

UIA 竞赛作为世界建筑师大会的组成部分，竞赛所提出的问题都是具有普遍性和前瞻性的。通过对这些问题的深入了解和、设计方案的创作和一次次的修改，使得我们对建筑界、社会各界所关注的前沿问题有了深入的认识，同时也促使我们尽可能的敞开思路，全方面地、多元地去思考问题、解决问题。这无疑使我们在见识上得到了极大的增长，拓宽了解决问题时的思路，这对于日后的设计工作有着很大的帮助。同时，大半年的团队协作也使我们更加懂得了团队的重要性。

5. 其他您认为值得记述的与参加 UIA 竞赛有关的记忆。

UIA 竞赛是国际性的竞赛，因此很多文件都是纯英文的，中文的竞赛资料基本都要靠自己翻译。在竞赛的前期一定要对竞赛的各项资料进行详细的阅读和翻译，不能仅仅是懂个大概，很多的内容都是要通过反复的研究和阅读才能够理解的，这对于日后的各项工作都是极其重要的。

刘伟

2014 年参赛获奖学生
建筑学研 2013 级

1. 什么样的契机下您参加了那一届 UIA 竞赛？当时背景如何？

  我是在刚进入研究生研一的时候，参加了 2014 年的 UIA 竞赛，那时候正好是师兄、师姐们举办 SD 竞赛获奖分享会及庆功会的时候，他们在分享会上提到了很多关于竞赛过程中的点点滴滴，这里面不仅说到了设计理念，更多的是说到了在生活上的事情。我当时决定参加 UIA 竞赛，其实也没想过要去拿奖什么的，就想着跟着导师学习设计的逻辑思维方式，以及享受跟同学们一起奋斗的过程。

2. 在参加竞赛过程中给您留下印象比较深刻的事？

  影响最深刻的事情应该是改图。当时对竞赛不够了解、也不够重视，另外加上研一课程比较多，我们都比较松懈，对于导师要求准备资料也是草草了事。特别是有一次在小组讨论的时候，我们把自己整理的资料讲完后，老师开始总结，结果我们发现老师整理的文件要远比我们做的多得多，当时就觉得非常尴尬。讨论会后我们几个觉得非常对不起自己、也对不起老师，然后在商量后默默地买上夜宵，通宵整理资料、改图。不过虽然累，确实很值得。

3. 您对当时获奖的感想？

  其实最开始的时候真的没有想到过能够拿奖。在确认我们组获奖的时候，我是异常地兴奋，感觉这一年的付出还是有回报的。但是最重要的是，我觉得这个奖是对我们运用在竞赛设计中的设计思维方式、设计方法的认可。

4. 您认为参加 UIA 竞赛对您以后的学习与工作有何帮助？

  在 UIA 竞赛对我来说，最重要的应该是学到了做设计的逻辑思维方式。因为我觉得不管是实际项目还是学术竞赛，他们都有相同的共性，都是找寻问题关键的矛盾点以及相对应的处理方法。我觉得这些在竞赛中学到的思维方法对我的学习和工作都非常有益。

5. 其他您认为值得记述的与参加 UIA 竞赛有关的记忆。

  其他值得记述的应该是竞赛过程中，与老师和同学培养的感情。竞赛过程虽然很累，但是其中的欢乐很多，我们在一起讨论、学习、赶图、吃饭、玩耍，我相信这段记忆会跟随我一辈子。

刘俊

2014 年参赛获奖学生
建筑学研 2013 级

1. 什么样的契机下您参加了那一届 UIA 竞赛？当时背景如何？

参加 UIA 竞赛的时候是 2013 年秋冬季，那一届 UIA 大会召开地点在南非德班，大会的主题是"别样的建筑"，旨在探究建筑师就解决社会不平等问题所发挥的举足轻重的作用。当时正在读硕士研究生一年级。之前在大学时也参加过竞赛，但是第一次接触这种设计定位在国外的比赛还是很兴奋的。我们怀着不一样的心情一起参加了这次比赛。

2. 在参加竞赛过程中给您留下印象比较深刻的事？

参加竞赛确实有利于锻炼我们全面思考并解决问题的技能，而且我也想在设计的过程中多向同学们交流学习，古人云：三人行必有我师，怀着对老师的崇拜之心很积极地和同学们在老师的指导下开始认真分析竞赛细节。但是过程中也穿插了一些工程实践项目，并且大家报名之初的精力并不在竞赛上，在拿到题目之后也只是对题目背景和基地现状做了一些初期分析，同时总结了一些往届竞赛的设计思路。可能由于大家都不是一心想做好这个竞赛，或是没有信心，放寒假前的几个月很痛苦，苦于一直没有很好的想法。只记得在离提交方案还有不到两个月的时候，大家才开始真正切入具体方案的设计阶段。

3. 您对当时获奖的感想？

一开始单纯认为这和以前本科做方案和做工程实践项目差不多，但在实际操作的过程中才感觉到竞赛与前面两者的区别。本科做方案是在学习基本技能，做工程实践项目是根据现有条件迅速做出相应的方案。而竞赛的重点在于解决问题的想法和角度，对于当地的历史、文化、政治背景、经济条件都需要较为深入的涉猎与挖掘。这些问题要想从根本上解决看似并非建筑师力所能及（例如 2014 年德班的这一题目包含的问题其实是复杂的种族与宗教历史遗留问题，设计的介入只能作为一个引子），但是它提倡了一种思路，即提出具有在不同时间周期内均可实施的解决方案体系，而这些解决方案是从建筑学这一专业的视角，由旨在构建适宜人类生存的环境的建筑师们提出，具有了相当的实验性与可操作性。

4. 您认为参加 UIA 竞赛对您以后的学习与工作有何帮助？

方案构思初期确实像是一种头脑风暴，它几乎能够调动你所有的知识与经验来分析各种方案的可能性。另外如何清楚地利用图示语言表达自己思考的过程脉络也是一个挑战。你不能够用大段文字来阐述，图示化的表达方式更体现出了相互之间的逻辑关系。

国际建筑师协会（UIA）大学生建筑设计竞赛获奖作品集（1984—2017）

5. 其他您认为值得记述的与参加 UIA 竞赛有关的记忆。

　　这次比赛的结果对我来说很意外，在参加竞赛的过程中，我意识到自己知识的匮乏，但也消除了我对于设计竞赛的恐惧感，帮助我树立了信心，让我今后更能放开思路，当我再次回忆起这段经历时，还是觉得很精彩的。

李小同

2014 年参赛获奖学生
建筑学研 2013 级

1. 什么样的契机下您参加了那一届 UIA 竞赛？当时背景如何？

　　参加 14 届 UIA 的时候还是研一上学期，当时是我的导师陈静老师告知我们有这个竞赛的，那时候不仅有我们研一的同学，还有一批大五的同学也在做这个竞赛。

2. 在参加竞赛过程中给您留下印象比较深刻的事？

　　从做这个竞赛的时候，我们大部分的时间是用来研究的竞赛主题，背景以及基地情况的。每天都是在搜索德班当地的风土人情，在街景地图中了解基地情况，小到一个建筑，大到一个城市。只有充分了解基地情况才能做出被需要的设计。每周向老师汇报，我记得我们最后整理出 100 多页的前期文本。后来在暑假老师还专门去了一趟德班，带回了很多一手的信息，这个很重要，比我们之前闭门造车来得更实际。

3. 您对当时获奖的感想？

　　完全地出乎意料，喜出望外，感觉是赚到了。从来没有想过会获奖，从一开始做竞赛就没想过要获奖，只是想着和老师多学习一些知识，重在参与。能获奖，主要是因为大牛老师带我们上道儿了，在这里我要感谢我的两位指导老师，没有他们就没有我们的成绩。

4. 您认为参加 UIA 竞赛对您以后的学习与工作有何帮助？

　　我觉得 UIA 是一个很好的契机，让我感受到了团队合作的力量，说实在的我们有一个很棒的团队，虽然从一开始我们抱着重在参与的态度参赛的，但是我们一直都很认真地在做，不敢马虎。完成一个好的作品，需要的不仅是发光的点子，好的团队，锲而不舍的信念才是成功的关键。

5. 其他您认为值得记述的与参加 UIA 竞赛有关的记忆。

　　参加 UIA 的过程是虐心的，哈哈，原谅我这么说。每次给老师汇报完总觉得备受打击，这种痛苦的心情在方案阶段更是到了极点。基本上每 3 天换一个方案，换一种思维方式，每次从老师办公室走出来的时候，大家都默默不语。也正是一次次的虐心，一次次的讨论修改才有了这样的成果。这里再一次感谢我们敬爱的李岳岩与陈静夫妇，他们才是我们能获奖的制胜法宝。

国际建筑师协会（UIA）大学生建筑设计竞赛获奖作品集（1984-2017）

钱雅坤

2014 年参赛获奖学生
建筑学研 2013 级

1. 什么样的契机下您参加了那一届 UIA 竞赛？当时背景如何？

参加 UIA 竞赛的时候是 2014 年，那一届 UIA 大会召开地点在南非德班，大会的主题是"别样的建筑"，旨在探究建筑师就解决社会不平等问题所发挥的举足轻重的作用。当时正在读硕士研究生一年级。感觉建院老师组织学生参加 UIA 竞赛已经成为一种传统，而我们正巧赶上研一这一年，除了上公共课之外也没有其他的事情，所以导师建议我们同级的 10 个小伙伴都去报名参赛。

2. 在参加竞赛过程中给您留下印象比较深刻的事？

我的导师李岳岩老师和陈静老师在报名之时提醒我们，如果没有参加的意向可以直接提出退出，但是显然不会有人这么做——大家都觉得这是个锻炼的机会，而且我们中的多数都没有参加过专业竞赛的经验，参加竞赛确实有利于锻炼我们全面思考并解决问题的技能。过程中其实也穿插了一些工程实践项目，所以大家报名之初的精力其实并不在竞赛上，在拿到题目之后也只是对题目背景和基地现状做了一些初期分析，同时总结了一些往届竞赛的设计思路。中间的过程其实很难说清细节，只记得在离提交方案还有不到两个月的时候，大家才开始真正切入具体方案的设计阶段。

3. 您对当时获奖的感想？

一开始单纯认为这和以前本科做方案和做工程实践项目差不多，但在实际操作的过程中才感觉到竞赛与前面两者的区别。本科做方案是在学习基本技能，做工程实践项目是根据现有条件迅速做出相应的方案。而竞赛的重头戏在于思考——从问题的源头开始思考，对于当地的历史、文化、政治背景、经济条件都需要较为深入的涉猎与挖掘。或许这些问题要想从根本上解决并非建筑师力所能及（例如 2014 年德班的这一题目包含的问题其实是复杂的种族与宗教历史遗留问题的杂糅，并非一朝一夕可以改观），但是它提倡了一种思路，即提出具有在不同时间周期内均可实施的解决方案体系，而这些解决方案是从建筑学这一专业的视角，由旨在构建适宜人类生存的环境的建筑师们提出，具有了相当的实验性与可操作性。

4. 您认为参加 UIA 竞赛对您以后的学习与工作有何帮助？

我认为参加竞赛无论结果如何都是一种锻炼。方案构思初期确实像是一种头脑风暴，它几乎能够调动你所有的知识与经验来分析各种方案的可能性。另外如何清楚地利用图示语言表达自己思考的过程脉络也是一个挑战。你不能够用大段文字来阐述，因为那并非建筑师的风格。

5. 其他您认为值得记述的与参加 UIA 竞赛有关的记忆。

　　时至今日并不是很清楚记得很多细节，头一次参加竞赛其实还存有很多迷茫，不过提交方案的前一天晚上大家都工作到挺晚，文字说明翻译和校对，检查材料是否齐全。最终提交之后都松了一口气，同时也很有成就感。

张佳茜

2014 年参赛获奖学生
建筑学研 2013 级

1. 什么样的契机下您参加了那一届 UIA 竞赛？当时背景如何？

刚读研究生的时候，我的导师李岳岩教授鼓励我们参加 UIA 国际大学生竞赛，他在带竞赛方面是很有经验的。之前也没有参加过国际竞赛，这对我来说是个挑战。

2. 在参加竞赛过程中给您留下印象比较深刻的事？

应该是对竞赛主线的确定吧。竞赛和课程作业或实际项目不同，它更注重作品传达的内容意义的表达。要想正确的传达一个好的想法就要对题目的背景做大量的前期准备，还在李老师的组织下做了很多"头脑风暴"，用发散性的思维想尽可能多的发展方向，一些很极端的想法也鼓励表达，这样零零碎碎的一些线头也可能牵扯出一条主线来。

3. 您对当时获奖的感想？

很意外，觉得自己很幸运。很感谢我的导师，李岳岩教授以及陈静老师给了我这次机会和很多关键的指导。感谢当初不放弃的自己和队友。如果还有时间，还有很多可以完善的，尤其是后期图纸的绘制。在时间的分配上，前期资料整理占用了大量的时间，后期方案阶段的时间有些不充裕，这是以后需要注意的地方。

4. 您认为参加 UIA 竞赛对您以后的学习与工作有何帮助？

幸运女神会格外眷顾那些坚持到最后不退场的人。以后每次特别辛苦快要放弃的时候，都会再多坚持一下的。也会多去尝试一些没试过的东西。

5. 其他您认为值得记述的与参加 UIA 竞赛有关的记忆。

大家一起在工作室奋斗到天亮，为了设计小细节的争论，当时的种种现在都化为果实。很感谢这个奖对我们的肯定，付出还是会有回报的。最后，再次感谢李岳岩老师，陈静老师的指导，感谢大家的努力，有些事情一个人是办不到的。

李雪晗

2017 年参赛获奖学生
建筑学研 2016 级

1. 什么样的契机下您参加了那一届 UIA 竞赛？当时背景如何？

导师给我们转发了竞赛通知，带领我们参与这个 UIA 竞赛，督促并指导我们集体做了一些前期的分析，慢慢的，大家有了一些自己的思路，然后思路相近的同学组了队，共同探讨交流，并最终完成了这次竞赛。

2. 在参加竞赛过程中给您留下印象比较深刻的事？

在组队之后，大家有一些大概想法的时候，互相交流讨论，也查阅了很多资料，开阔了我们的设计思路，也互相学到了很多东西。并且在整个 UIA 竞赛过程中，两位老师都尽心尽责，给我们提供了很多指导，在设计思路上对我们启发很大，同时使我们的设计更具逻辑性。

3. 您对当时获奖的感想？

当时 qq 在工作室电脑上，我不在，同学告诉我收到了 UIA 的官方邮件，回来之后发现是二等奖，蛮好的名次，有点意外，也很开心，就是有种自己的想法被认可了，有一些成就感，对自己的信心也有了一定的提升。

4. 您认为参加 UIA 竞赛对您以后的学习与工作有何帮助？

一方面是对于我们所生活的城市现状有了更多的思考，设计思路更加开阔，能力上有了一些提升；另一方面就是学习工作中，更加注重团队协作，因为每个人都有自己的想法，怎么协调好很重要。总之，通过参加这次竞赛也算是有了一些成长。

李芸

2017 年参赛获奖学生
建筑学研 2016 级

1. 什么样的契机下您参加了那一届 UIA 竞赛？当时背景如何？

指导老师带领学生参与学科竞赛，提升我们的创新思维能力。学生之间根据自己的思路自行组队，进行交流探讨。

2. 在参加竞赛过程中给您留下印象比较深刻的事？

前期交流时拓展思路，碰撞火花。

3. 您对当时获奖的感想？

首先肯定是开心，说明我们的思路是对的，并得到了专家们的认可。也给以后进行学术研究增添不少信心。

4. 您认为参加 UIA 竞赛对您以后的学习与工作有何帮助？

在学习和工作过程中，遇到困难不气馁。学会变通，学会通力合作。

贾晨茜

2017 年参赛获奖学生
建筑学 2013

1. 什么样的契机下您参加了那一届 UIA 竞赛？当时背景如何？

在 2016 年下半年，同年级的许多小伙伴就已经开始为 UIA 竞赛做准备，而我也从他们那里，知道了首尔解放村，知道了后人类都市与生物融合多样性等等很新奇的词汇。可以说从那时起，我就已经跃跃欲试。而到了 2017 年初，当时正是寒假，同班的杨琨打电话问我要不要参加 UIA 竞赛，我几乎想也没想就答应了，然后我们又找到了高健，就这样，三人小组就此成立。

2. 在参加竞赛过程中给您留下印象比较深刻的事？

其实我们从三月份就开始做相关的工作了，和王璐、苏静两位老师一起讨论了很多也收获了很多。"城市酵母"这个词可以说是一开始就已经提出来，而且我们都很喜欢这个概念，但是却一直找不到深入的方向。没办法，我们中间又换了好几次概念，"生态备忘录""悬浮鸟食盆"什么的，感觉是海陆空、上天入地都想遍了，就是想找到那个既能脚踏实地，又能面向未来的想法，可是都不尽如人意。转眼到了五月份，眼看着交图日期越来越近，学校的专业课程也即将进入设计周，我们都很着急，然后也不知怎的，就突然绕回了一开始"城市酵母"的想法，提出了一个较为系统的概念，我们一看有的可做，也没有征求老师的意见，就赶紧开始画图了。可谁知最后紧赶慢赶，画竞赛图的时间还是和设计周碰上了，那两周我们也真的是很辛苦，几乎不眠不休，不过欣慰的是，我们赶在截止时间之前把图顺利交上了。

3. 您对当时获奖的感想？

得知获奖的时候是在 2017 年暑假，那一天正好是《神偷奶爸 3》上映的日子，当时我在电影院里看完小黄人，一看手机发现有几十条提醒，打开一看才知道我们获奖了，而且还是三等奖！当时真是特别惊喜，觉得我们那几个月的努力没有白费。

4. 您认为参加 UIA 竞赛对您以后的学习与工作有何帮助？

参加 UIA 竞赛的这次经历真的让我受益匪浅，我学会了怎样与队友更好地合作，学会了坚持，学会了思考，更重要的是，我有幸能与学校的师生一起，赴韩国首尔参加 UIA 国际建筑师大会与颁奖典礼，旅途中的所见所闻所感将是我人生中非常宝贵的一笔财富。

高健

2017 年参赛获奖学生
建筑学 2013 级

1. 什么样的契机下您参加了那一届 UIA 竞赛？当时背景如何？

知道这个比赛是大四学校课程的 studio 中，当时对 studio 的印象就仅仅停留在这是一个规模很大的世界性比赛，由于自己是教改班，无法参与自己选择 studio 的过程，所以比较遗憾，但后来也发现自己教改班的课程设计（碑林街区改造）对自己的竞赛也十分有帮助。参加比赛是在临近过年，小伙伴邀请我一起参加比赛，由于自己本身也比较热忱于参加竞赛，再加上上一学期的城市设计让我对城市设计方面有一些疑惑，也希望通过竞赛再强化理解，就这样，我们三个人的 team 就顺利集成。

2. 在参加竞赛过程中给您留下印象比较深刻的事？

虽然从组成小队到交稿还有很长的时间，但我们真正开始做竞赛的时候，既有专业课的任务又有公共课的学习，所以时间还是相对比较紧迫的。我们在时间上花了一个月的时间搜集竞赛相关的资料和场地相关的资料，对其进行分析；花了一个月的时间进行方案的构思和逻辑的梳理；最后留了半个月时间绘制方案。我们把中心放在构思方案上，毕竟在我们看来，UIA 的竞赛就类似于一个"命题作文"，如何能直击主题把握中心才是最关键的。但是对于这么一个大型的比赛，方案的确定总不是一帆风顺，每次讨论都不能确定一个集中的方案，并且每次的讨论又会迸发出更加活跃的思维火花，要不是 deadline，我想我们可能会讨论一年吧～最后在老师的帮助下我们确定了最后方案的基本方向，然后就一边开始建模深化方案一边画图了，由于最后的画图的时间不够，所以在最终成果上还是有些许遗憾的。

3. 您对当时获奖的感想？

得知获奖其实比正式通知获奖比较早，因为当时主办方发邮件通知我们入围最后的 23 个方案，需要我们提供学生证明，所以那个时候已经基本知道最少有个入围奖所以还是很开心的，到公布最终获奖名单时惊喜地发现我们是三等奖，我更是喜上眉梢。首先得这个奖是与我和小伙伴的努力以及老师的指导分不开的，其次大四上学期关于城市设计的专业课以及老师推荐的关于城市的读物也是帮我们把握城市大方向的关键，所以我希望参加 UIA 竞赛的学弟学妹们一定要好好上学校的城市设计专业课并且多读书多思考。

4. 您认为参加 UIA 竞赛对您以后的学习与工作有何帮助？

　　通过这次专业课以及参与 UIA 大会的相关项目，首先值得肯定的是，UIA 这个比赛拓宽了自己的眼界，同时给予了自己一个与其他学校特别是外国学校交流的机会，同时 UIA 的题目也是当今形势下比较尖锐以及实在的问题，研究 UIA 的题也是对自己专业课知识的巩固和延伸，对自己今后的学习是很有帮助的，所以希望大家能多多参与竞赛，特别是这种水平高的国际性的竞赛。

杨琨

2017 年参赛获奖学生
建筑学 2013 级

1. 什么样的契机下您参加了那一届 UIA 竞赛？当时背景如何？

大四寒假假期知道了这个竞赛，就想找两个同学一起去参与，并没有太多的考虑，在本科学习了四年，就只是单纯地想去体验一下，做世界级竞赛的感觉。

2. 在参加竞赛过程中给您留下印象比较深刻的事？

比较深刻的应该是在概念生成阶段，大家头脑风暴的时候，畅所欲言，异想天开，因为竞赛的原因，所受到的局限和干扰几乎没有，心里也没有太多压力，所以大家的想法都很有意思，这也是我很享受这次竞赛的一点。

3. 您对当时获奖的感想？

很惊喜！很惊喜！很惊喜！当初只是想把我们团队的想法向大家去展示，没想到获得了评委的认可，自己很开心，觉得想法得到了认可。同时很感谢指导老师在课余时间陪着我们一起头脑风暴，牺牲了很多自己休息的时间，也给予了许多专业方面的帮助，提供了很多的资料和书籍，这也让我们在完成这次竞赛的同时也有了许多提高。

4. 您认为参加 UIA 竞赛对您以后的学习与工作有何帮助？

最大的帮助就是开阔了眼界，学会了更开放地去看待一个问题和想法，这是和只会做课程设计完全不同的，包括去现场看各种展览，进行交流，都对自己产生了积极的影响。接收到了许多自己以前比较陌生的信息和想法。这是很重要的一点。

5. 其他您认为值得记述的与参加 UIA 竞赛有关的记忆。

因为我们的想法概念来自于饮食，所以在完成这次竞赛设计的同时，我们也满足了自己的味蕾，哈哈哈，这也是我们不同于其他组的一点特色，很享受，觉得心态放松，也许就会有惊喜找上门！

国际建筑师协会（UIA）大学生建筑设计竞赛获奖作品集（1984~2017）

迟增磊

2017 年参赛获奖学生
建筑学 2012 级
北京垣冶建筑设计规划有限公司

1. 什么样的契机下您参加了那一届 UIA 竞赛？当时背景如何？

大五时面临毕业设计选题问题，我和很多同学一样并没有犹豫，选择了作为选题之一的 2017 年 UIA 竞赛。建大往届竞赛成绩不错，坦白说，是抱着"做毕设，说不定还能得奖，一举两得"的想法参加的。当时并没有考虑太多，毕设小组也是慌乱中临时组成的，我们组起先少一人，在向李昊老师求情后才加入了第四名成员，毕设小组正式组建。

2. 在参加竞赛过程中给您留下印象比较深刻的事？

2016 年冬天起，UIA 竞赛各组就开始了前期网络调研和汇报工作，为一个从未见过从未到过的城市做设计，透过网络资源来截取信息是很有意思的体验，前期调研汇报对我来说如同梦游以及讲述梦境，因此我从来不敢当着大家的面发表言之凿凿的言论，云里雾中，摸索前进，大五上就在 Google 和 PPT 里慌慌张张结束了。真正有意思的事发生在新一年的春末夏初，当时我们以蜜蜂为核心的概念已经成型，四人分工明确，一起包夜，一齐盼天亮。凌和王负责 ps 版面，朱负责建筑单体设计，我负责设计漫画人物。伴着争论和互相揶揄，甜腻腻的黄色渐渐长满了图纸，每天的晨阳照进隔间，打亮黄色的拷贝纸，脚搭在桌沿，铅笔摩挲纸面，有键盘的脆响和鼠标的咔哒声，你一言我一语，这种踏实工作的氛围最让人满足了。

3. 您对当时获奖的感想？

获奖还是很高兴的，即便只是三等奖。诸事顺遂，于是大家相互祝贺，是一份不错的毕业礼。

4. 您认为参加 UIA 竞赛对您以后的学习与工作有何帮助？

竞赛之于今后，我会更加从容一些，面对一些从未涉足的河流敢于去试试深浅了；验证了一条通路，知道如何更好地与他人交流协作，提高效率；探索出一套新技能，可以应对类似的其他问题了。

感谢李昊老师、吴珊珊老师、王墨泽老师的悉心指导，感谢队友凌益、王江宁、朱可成的理解和协作！善自保重，至所盼祷！

张书羽

2017 年参赛获奖学生
建筑学 2013 级

1. 什么样的契机下您参加了那一届 UIA 竞赛？当时背景如何？

我们大四 studio 城市设计的课题就是 UIA 竞赛，当时觉得十分幸运，恰好赶上了竞赛 3 年一届的时间。

2. 在参加竞赛过程中给您留下印象比较深刻的事？

印象最深的就是因为竞赛基地在韩国，当时没有办法实地调研，所以一切资料的来源都是网络，而且还有韩语的问题。我们当时为了获取详尽资料，英文的又很少，不得不看了很多韩文的网站，比如 naver，还有韩文论文的网站 riss，下载下来之后用 Google 翻译，每天看着那些翻译过来不太通顺的文章也是一知半解地获得了很多信息，发现一点点值得设计的蛛丝马迹都非常兴奋。李昊老师十分看重前期资料收集，每次都会有 PPT 分组分研究方向的汇报，我们的设计很大部分基于这些，收集外文资料的经历让我学会如何入手研究一个崭新的领域，对我影响很大。

3. 您对当时获奖的感想？

当时获奖的时候我还在毕设的村子里调研测绘，午睡起来看到微信群里好多老师同学祝贺的消息，真的是非常开心。然后发现有那么多西建大的名字，同在村子测绘的就有四组获奖，觉得老师同学们都付出了那么多，收获也一定会有的。

4. 您认为参加 UIA 竞赛对您以后的学习与工作有何帮助？

是一次非常宝贵的竞赛学习经历，延续将近一年的时间，也是做得最深入扎实的一次竞赛，像老师说的，大学有这样一次经历很值。

学习上，最主要的是一整套系统的研究设计过程和思路的学习，对第一次接触城市设计来说还是很有帮助。工作上，丰富了个人简历。

5. 其他您认为值得记述的与参加 UIA 竞赛有关的记忆。

最感动的就是和另外两个小伙伴一起画图包夜的时光，第一次 PPT 汇报就包夜了，之间也有很多次争吵，到设计阶段的那段时间一直没有方向，也非常痛苦。总之就是历尽千辛万苦的纠结，幸好有老师们一直督促着陪伴着我们直到最后。

阳程帆

2017 年参赛获奖学生
建筑学 2013 级

1. 什么样的契机下您参加了那一届 UIA 竞赛？当时背景如何？

因为大四 studio 的题目刚好是 UIA，由于时间比较紧张最后的成果不是太完善，所以大家便想借着这次比赛的机会再继续深入一下设计内容，给自己一个更满意的结果。

2. 在参加竞赛过程中给您留下印象比较深刻的事？

首先当然是我们小组做方案时一次次纠结的时候啦。三个人的合作必定会有分歧的时候，大家都想做好，因此每次都要纠结和争论良久然后达成共识才会推进设计。三个人纠结到一块也是很要命的，还好有李昊老师一次次地催方案和帮我们理清思路才拯救了我们这几个拖延症患者，特别感谢老师。

3. 您对当时获奖的感想？

感觉有点不相信，因为上几届都有我们学校的学长、学姐获奖，想着这次应该没啥希望吧。看到建大是获奖最多的学校心里也感到挺激动和骄傲的。

4. 您认为参加 UIA 竞赛对您以后的学习与工作有何帮助？

之前几年在专业上也只是侧重于建筑的学习，这次比赛题目综合了建筑、城规和景观的相关内容，因此让我们接触到了其他的专业，觉得也非常值得学习。所以在之后的学习工作中让自己专业的视野变广泛也会是一件很重要的事吧。建筑并不是一个独立的存在，当有了其之外的思考的时候自己的思想观念才会变得更加深刻吧，反过来也会影响到自己的设计。

周昊

2017 年参赛获奖学生
建筑学 2013 级

1. 什么样的契机下您参加了那一届 UIA 竞赛？当时背景如何？

我是在大四上学期城市设计的 studio 课程上选择了李昊老师开设的课题——UIA 2017 后人类都市性：首尔南山——一个具有生态多样性的未来。课程结束后，修改了一些参加竞赛。

他将竞赛作为一个课题来开设，这个竞赛也十分有意义，国际建筑师协会每 3 年举办一次世界建筑师大会，每届根据大会主题举办世界大学生建筑设计竞赛。该项赛事是当今世界建筑学专业学生的最高规格竞赛。它每次设定的题目都是象征着全世界未来要面临的问题和挑战。

2. 在参加竞赛过程中给您留下印象比较深刻的事？

我们第一次汇报的时候为了准备 PPT 就包了夜，在学期的一开始，全班晚上专教就剩我们三个，也是我第一次在教室包夜，毕竟之前也只有在最后交图的最后阶段会选择包夜。会有包夜的结果当然也不是因为我们拖延，我们三个为了能在新老师面前留个好的印象当然是早早就开始准备，为了内容好，我们不断争论，修改，推翻。其实第一次汇报也是最难的，老师没有给我们什么提示而且我们也是第一次接触到城市设计尺度上的事情，它代表了我们未来发展的方向。十分重要的 PPT 最后就熬夜从凌晨 1 点到凌晨 6 点，8 点钟汇报。灰头土脸的我们站上了讲台，还好老师还认可了我们的结果。

3. 您对当时获奖的感想？

比较开心，松了一口气吧，毕竟上面集合着我们三人和许许多多老师的期待的，没有辜负他们的期望吧，还是获奖了的。

4. 您认为参加 UIA 竞赛对您以后的学习与工作有何帮助？

帮助的话是让我学到坚持，对一个课题的研究是方方面面的，而且让我学到城市设计的方法，真正从人出发，而且还有就是课题与竞赛的差别。这些让我对这些认识都深刻许多。

5. 其他您认为值得记述的与参加 UIA 竞赛有关的记忆。

还有值得记述的有很多很多，都是一些小细节啦哈哈。比如在竞赛最后交图阶段刚好与我们大四下 studio 课题设计周重合，两个叠加在一起，焦头烂额。而且要把非常多非常多的内容就挤在一张图纸上，非常痛苦，光排版我们就改了三四遍。这些让我们学会怎么有效执行和综合管理事务，永远不会有一段单纯的时间让你去干一件事情的，我们能做的就是将多重复合的线整理好并好好完成。

赵欣冉

2017 年参赛获奖学生
建筑学 2013 级

我们大四上学期的城市设计课程以 UIA 的竞赛为题，第二年的五月份我们三人以原先的方案为基础，根据竞赛要求重新完成了一套图纸。尽管我们提前了两个月开始着手方案的修改，但是因为交图在五月底，与大四下学期的设计周完美重叠，时间格外紧张。

当时，最重要的效果图在没有任何参考的情况下进展极其缓慢，让我们在那段时间感到不小的压力。对效果图反反复复，长达一周的试验和打磨让我印象非常深刻。我们三个人有所分工，每天从早到晚对着电脑修改，讨论，经历了无数次失望和打击。图纸的最终呈现没有任何一处是一蹴而就的，都是我们无数努力的结果。

最终我们获得了荣誉提名奖，虽不是大奖，算是对我们能力的肯定。了解一、二、三等奖尤其是一等奖的方案后，也认识到了自身的不足。一等奖的图纸直击"生态廊道"的重点。事后与之交流，他们对于基地的了解远远少于我们，也因此免受各种条件束缚。比如就是否拆除沿街建筑以为生态廊道留够宽度这一问题，我们最终选择保留。一等奖显然没有在这一问题上作过多停留。诸如此类还有很多。当我们拥有太多信息量的时候，往往顾虑太多，不敢大刀阔斧，直入问题核心。或者说，淹没在巨大的信息海洋中，我们忽略了最关键的问题。

针对此，有几个经验可以总结：

1. 明确专业课与竞赛的差异。一个城市地段要解决的问题是多样的，而且必须考虑具体策略给其他问题带来的影响，最终达到一种综合最优解。就如同木桶效应，只有各方面都有所考虑，才能促成最终地区的良性发展，专业课要解决的问题与现实情况更为接近。竞赛不同，竞赛是核心问题＋有力的解决策略。对症下药，药到病除。考察的是相对单一问题的解决。把这一问题解决到极致，做到最漂亮是更重要的。

2. 抓主要矛盾。深入全面了解基地是为了更好地，更现实地解决方案。主线不变，时刻明确什么是最重要的，什么是次要的，不要让后者成为前者的羁绊。

关于小组合作，我们的工作状态非常好，并且充分根据各自的优势分工，从不计较任务量多少以及个人的辛苦，一切以成果的最优呈现为目标。不仅要感谢我的两位搭档，还要感谢我们的老师们，他们不仅充分肯定我们脑洞大开的点子，给予我们自由的空间，提供优化的途径，并且自始至终鼓励我们，给我们力量。这是一次非常难得的经历，一次真正意义上的合作。

姚雨墨

2017 年参赛获奖学生
建筑学 2013 级

1. 什么样的契机下您参加了那一届 UIA 竞赛？当时背景如何？

当时因为专业课大四 studio 课程设置，所以就很自然地参加了。也非常感激有这个好的契机可以参加。并且许多前期工作是由专业课许多小组大家共同完成的，这样能让我们更加深刻地去学习，并不只是单纯地以参加竞赛为目的。

2. 在参加竞赛过程中给您留下印象比较深刻的事？

印象深刻的事情太多了。我们三个人一起讨论的时候有很多有趣的事。因为之前一起合作过好几次，彼此之间已经配合得很好了，所以非常感谢我们之间的各种花式默契。虽然整个设计战线很长，但也没有觉得很累，全程都很开心。

3. 您对当时获奖的感想？

获奖好像没有太大感想，就是比较感谢我们仨都坚持到最后了。因为最后的出图赶上设计周，设计周基本一周画 UIA、一周是专业课设计，整个过程还是蛮辛苦的，还好中间挺住了。

4. 您认为参加 UIA 竞赛对您以后的学习与工作有何帮助？

这个题目首先就是一个大的建筑学的方向，是比较值得思考和不断探讨的课题。竞赛本身的过程就是一个学习的过程，对自己整个方案逻辑的架构以及建筑意志与图纸之间的表达与呈现都是一种锻炼。

5. 其他您认为值得记述的与参加 UIA 竞赛有关的记忆。

这次竞赛最后比较困难的事情其实是图纸表达，怎样用一张图来复合更多的信息，并且可以十分清晰充分地表达我们的设计，这个基本上是最后我们在不断反复尝试探讨的问题。不停地打印草稿，还请周围的同学帮忙去评判。可以说竞赛方案本身很重要，但图纸依然很重要，是一种方案意志的体现吧，所以这个在最后阶段是印象比较深刻的事情。

蔡青菲

2017 年参赛获奖学生
建筑学 2013 级

1. 什么样的契机下您参加了那一届 UIA 竞赛？当时背景如何？

当时那一届 UIA 的概念目标正好契合了老师的教学目标，对解放村的历史文脉多方面研究也正好是作为激发我国某些历史片区的一个试验点。利用这个机会，我们正好进行城市设计的课程。当然这是竞赛，更加表现概念本身，更加可以放飞理想，不必仅仅局限于某一点。

2. 在参加竞赛过程中给您留下印象比较深刻的事？

我们三人组在最后几个星期基本都是从早画到晚，我觉得人生可能就只有不多这样的机会能有如此共同的一个目标和协调的合作了，为了表现最终的主打效果图，我们来来回回打了四五次。到最后一张几乎是成图的时候，我们就把它贴到了我们的座位后面，这可能是成就感吧。

3. 您对当时获奖的感想？

我对我们小组还是很有信心的。我们小组三个人合作竞赛和课程作业都是挺多的了，大家磨合得已经挺协调了。获奖算是一种慰藉吧，也算是对自己的一个解释吧。当然十分感谢老师们一直以来的指导的。

4. 您认为参加 UIA 竞赛对您以后的学习与工作有何帮助？

UIA 竞赛的修改方案就在我们专业课设计周进行之中，说实话要不是小组成员的坚持，我觉得自己并没有 100% 的动力去完成这个竞赛。最后一步出竞赛图纸的时候，大家都是全神贯注的，我觉得那种为了一件事情拼搏的感觉自己还是记得十分清楚的。

5. 其他您认为值得记述的与参加 UIA 竞赛有关的记忆。

当然说点自己偏好的绘画的事情吧。在搜寻图纸颜色搭配和表现画法的时候，我们搜寻到了亨利卢梭，一个带着诡谲风格的超现实主义画家。利用这个和现代玻璃盒子搭配的拼贴效果图显然无缝结合。真是喜爱极了。

李政初

2017 年参赛获奖学生
建筑学 2013 级

1. 什么样的契机下您参加了那一届 UIA 竞赛？当时背景如何？

大四上学期的城市设计是以 UIA 为课题的。当然当时并没有考虑后面竞赛的事情，只是以此为题学习城市设计的方法，设计的力度也有所不同。

2. 在参加竞赛过程中给您留下印象比较深刻的事？

因为在大四之前全部都是个人作业，第一次开始三人合作觉得还是很新鲜的，一起讨论，配合，到出图，城市设计的内容量比较大所以三个人也是互相促进和进步。

3. 您对当时获奖的感想？

其实对于比赛获奖也没有考虑过多，因为比赛在后一个学期，压缩当时的设计再修改 UIA 的方案本身是比较辛苦的，所以精力也比较散，只是想善始善终，认真把这个方案做完。

4. 您认为参加 UIA 竞赛对您以后的学习与工作有何帮助？

竞赛和课程设计其实是很不一样的，尤其是 UIA，主要以宏观策略为主，具体的设计在整体方案并不会占太大的比重。但是在课下对于城市设计的学习还是受益匪浅的。

5. 其他您认为值得记述的与参加 UIA 竞赛有关的记忆。

因为整体的成绩比较好，暑假所有获奖的同学一起去了韩国首尔，出席 UIA 会议结识了共同参与的小伙伴们，留下了很多很棒的回忆。

陶秋烨

2017 年参赛获奖学生
建筑学 2013 级

1. 什么样的契机下您参加了那一届 UIA 竞赛？当时背景如何？

　　UIA 这个竞赛其实自己是在低年级的时候就知道，当时厉害的学长学姐拿了一二等奖，就想说等自己年级高些也要参加，正好大四的时候新的 UIA 开题，然后学校的老师认为这个题目很具有代表性就开了一个以 UIA 为题的城市设计 studio。我就果断申请了。

2. 在参加竞赛过程中给您留下印象比较深刻的事？

　　这个竞赛其实一开始我们是当一个完整的课程设计来做，所以其实相对于竞赛来说我们做了更多图纸上看不到的工作，小组三个人一起包夜画图，为了一个细节吵架，互相督促进度慢的要请客买饮料都还挺难忘的。印象最深的是圣诞夜，大家都还在拼命画图，组员初哥的妈妈给我们定了一个蛋糕送到了教室，感动到哭泣。

3. 您对当时获奖的感想？

　　刚知道获奖的时候愣了一下，因为相对于别的获奖的同学来说我们小组在后期投入的精力与时间并不是很多，但是可能是运气好吧，评委看上了我们的图纸，有一点窃喜，但是等到颁奖的时候在现场看着一二三等奖，还是挺羡慕的，也反思了一下当时如果再多花点精力会不会结果会更好一些。

4. 您认为参加 UIA 竞赛对您以后的学习与工作有何帮助？

　　UIA 是我第一次参加的国际性的赛事，也算是开阔了自己的眼界，同时也给正在迷茫期的自己打入了一剂强心针，变得更加有自信了一些。除此之外，做竞赛时学到的很多理论与设计方法也一直延续了下来，对未来的设计肯定会有一些潜移默化的影响。

5. 其他您认为值得记述的与参加 UIA 竞赛有关的记忆。

　　其实到了现在当时做方案的苦都忘得差不多了，只记得图出来的时候自己心里对自己说，还可以，你可以说你满意了。然后因为竞赛的关系，之后去到韩国参加世界建筑师大会那又是另外一段值得珍藏的回忆了。

韦森

2017 年参赛获奖学生
建筑学 2013 级

1. 什么样的契机下您参加了那一届 UIA 竞赛？当时背景如何？

那个学期的城市设计恰逢 UIA，城市设计的课程就自然的做起了 UIA。

2. 在参加竞赛过程中给您留下印象比较深刻的事？

印象深刻的事情，是约好了课程设计交了图、答了辩我们三位小组员就去吃一顿超好的饭，结果约到了第二个学期还没约成（笑）。上面是开玩笑的，印象深刻的事情是每次要 PPT 汇报的前一个晚上，我们小组几乎都在包夜，大家仿佛不知疲倦，PPT 排版、文字、配图、如何精准地表达，第二天早上也是打了鸡血一般，三个人围在一起讲一遍。有一次汇报前的早晨，外面下起了雪，我第一次见这么大的雪。上课汇报的时候，外面白茫茫的，教室暖烘烘的。包完夜汇报完之后的精神就这么飘着。虽然晕乎乎的但这是印象最深刻的一次。

3. 您对当时获奖的感想？

当时有一种想去澡堂洗个热水澡，然后喝一瓶冷饮的冲动。

4. 您认为参加 UIA 竞赛对您以后的学习与工作有何帮助？

这个竞赛对我们帮助很大。第一次如此密切地合作，组内的交流、矛盾的调解、想法的决策，每一次大家都是一种很认真的态度，特别有感染力。每个人都是在用力说话，要绞尽脑汁去想新颖的点子，要表达自己想法，要说服别人，要找出别人的想法的不足。总之是一次很棒的体验，也是一次劳动强度很大的课程设计。

5. 其他您认为值得记述的与参加 UIA 竞赛有关的记忆。

那个学期和老师交流也是特别多，去工作室找老师也是家常便饭。和老师交流有一个特点，就是说的时候还是醍醐灌顶，回来着手做的时候就是迷雾加身。和老师们渐渐混熟了之后，聊的不仅仅是方案了，有时候还会聊生活的八卦。老师对我们帮助很大，很享受这种更亲切的交流方式。

樊先祺

2017 年参赛获奖学生
建筑学 2012 级
美国哥伦比亚大学 GSAPP 学院修学建筑历史保护硕士学位

1. 什么样的契机下您参加了那一届 UIA 竞赛？当时背景如何？

    去年大五毕设选题的时候，UIA 作为咱们学校的一个传统优势项目，很多老师都开了这个题。当时一心的想法就是想找一个自己真正感兴趣的，正好竞赛的题目叫"首尔南山脚下解放村的更新设计"，合了我一直以来的兴趣，再加上研究生准备转到理论研究方向，所以就决定毕设再做个更新改造这一类的，就当是一个小告别的仪式了。

2. 在参加竞赛过程中给您留下印象比较深刻的事？

    就是整个过程都很磨人、很愁苦吧。最初选的时候只想着兴趣没管别的，后来一了解才知道竞赛只交一张 A0，但毕设有七张 A1，而且最后期限之间只隔了两周……所以搞得很狼狈。一边是我们三个人都怕毕设最后过不了，急着推自己方案的进度，一边又心里不能完全放下竞赛这边。就这么两边在拉锯，反而提不起效率，而且越拖越着急，越着急就越没主意，直到最后几天，还是老师推了我们一把，明确给我们说不管怎么样都得交一份图上去，我们这才抖擞起精神拼了一份出来。而且本来截止日期是 5 月 31 号，结果那天突然组委会通知说延期两天。可能神经抽紧到一定程度再松弛下来反而会更舒展吧，我们一下子反倒还有干劲了，觉得之前出的那一版还有很多不足，也就两天时间，就当做个短跑好了（也可能是我负责的排版和配色真的让队友都看不下去了吧），所以又兴致勃勃地出了一版，赶上最后提交了。

3. 您对当时获奖的感想？

    感想……那之前真的是不敢想。很意外。不过也挺欣慰的，说明我们的立意和想法是被认可的，图纸就算内容丰富度差了些，但已经把该表达的表达出来了，也被理解了。这就是很好的肯定了。

4. 您认为参加 UIA 竞赛对您以后的学习与工作有何帮助？

    这次特别幸运，和两个很优秀很棒的队友能够组队。胡坤同学看过非常多的设计案例，出图也又快又好，郝姗习惯时常更新自己的知识储备库，看哪个工作室又提出哪个新颖的理论啊，对设计有哪些指导意义啊这种。我从他们这里了解到很多查阅资料吸收经验的新方法，也在这个挣扎着做完竞赛的过程中，学会了抓紧时间，提高效率，坚持到底。

5. 其他您认为值得记述的与参加 UIA 竞赛有关的记忆。

其实不大记得了……有什么苦累都过去了。就记得，当时我为了毕设差点放弃做竞赛的时候，身边人问我，如果只是为了画出七张图通过最后一个答辩，一开始选这个竞赛的题目又是为了什么呢？现在回想，我也问自己，既然没有想过会得奖，最后的时候突然拼了那么久，又是为什么呢。"既然选择了远方，便只顾风雨兼程"。砥砺前行，不为见识彩虹，只为曾经，选择踏上这片泥泞的自己。

胡坤

2017 年参赛获奖学生
建筑学 2012 级
上海天华建筑设计

1. 什么样的契机下您参加了那一届 UIA 竞赛？当时背景如何？

大五上学期那会儿毕设有 UIA 竞赛的课题，并且我打算毕业后直接工作，所以大五下半学期就相对清闲一些，所以就参加了。

2. 在参加竞赛过程中给您留下印象比较深刻的事？

参加竞赛和毕设其实是有一些冲突的，因为虽然题目一样，竞赛还是比较注重概念，但是毕设会要求更多的图纸量。所以我们做到最后在双向的压力下，已经有点想要放弃竞赛了，但是最后两天还是咬牙把它完成了，印象最深刻的就是竞赛交图之前的那段时光，现在想来真的是痛并快乐的日子。

3. 您对当时获奖的感想？

当然是比较激动开心啦，大家一起努力了大半年，最后能获奖也算是为自己的大学生涯画上一个句号。

4. 您认为参加 UIA 竞赛对您以后的学习与工作有何帮助？

我认为最大的帮助是能使大家学会合作，一个强度很大的竞赛，一定是一帮小伙伴在努力共同做一件事才能高质量完成的，再就是竞赛的题目其实提供了很多的解题方向，在整个竞赛过程中会尝试各种各样的方向和思路，甚至不只是从建筑的角度，从规划学，景观学，社会学，心理学，可能都需要去做一些了解，这样多方面的思考能够帮助拓展思维，对未来的工作以及学习有很大的帮助。

5. 其他您认为值得记述的与参加 UIA 竞赛有关的记忆。

对于竞赛的理解，每个人都有自己不同的见解，我们在中期进行概念设计的时候，出现过一些关于这方面的矛盾，大吵一架，甚至有想要去重新组队，最后还是耐心的重新拿出之前的资料，再一次去解读题目，以及一些互相妥协，才继续坚持了下去，总之是一路艰辛，但是这些矛盾在竞赛结束之后反而成了美好的回忆。

郝姗

2017 年参赛获奖学生
建筑学 2012 级

1. 什么样的契机下您参加了那一届 UIA 竞赛？当时背景如何？

　　一方面是对城市这个话题的好奇吧。大三下学期的时候，本来该选城市设计的，但当时又有李岳岩老师的地坑窑改造与更新，也是我很喜欢的一个题目，最后纠结了很久，就放弃了做城市设计的机会，之后就留下了一个非常大的遗憾。毕设选题看到 UIA，虽然不是严格意义上的城市设计，但是跟城市相关，就有点眼前一亮的感觉。另一方面就是对大学没有正经做竞赛的弥补了。其实大二之后有跟同学一起尝试做竞赛，但因为平时大家都很忙，也缺乏指导，所以合作到最后都是很遗憾地无疾而终了。但内心的胜负欲其实还有，所以也很希望能在毕业之前找到一个竞赛的机会证明一下自己。UIA 也恰巧给了我这样一个契机。

2. 在参加竞赛过程中给您留下印象比较深刻的事？

　　印象最深的大概就是竞赛交图前几近放弃又峰回路转的过程吧。因为要把一个竞赛做到毕设的深度其实也并不简单的，所以中期过后时间一直都非常地赶。竞赛交图前因为跟毕设最终成果逻辑上有漏洞，所以差一点就放弃做竞赛的最终成果了，直到按照竞赛组委会的规定时间要交图的时候，突然接到官方通知，延期两天，于是我们做了一个非常重要的决定"出图！"然后就跟队友一起重新顺了方案逻辑，画了整整两天一夜，在最终交图时间递交了我们的成果。

3. 您对当时获奖的感想？

　　刚开始觉得"天呐，不会吧！"有点不可思议。紧接着就觉得"哇，当初应该早点加把劲的……"就又有一点遗憾。说实话，当时就感觉我们如果能把我们的所思所想，尤其是方案里面改造过程的中后期表达出来的话，那我们的逻辑就非常连贯了，说不定也会是三等奖的。现在呈现出来的方案只是我们完整构想的一半，所以还是会有一点遗憾。但怎么说呢，这个结果对于弥补我大学遗憾的初衷来说已经很让人满意了，所以更多的还是开心吧。

4. 您认为参加 UIA 竞赛对您以后的学习与工作有何帮助？

　　一个是对于学习跟工作的心态有所变化了吧，会给我有一个很大的信心上的鼓励，对自己的想法，哪怕不是特别成熟也会比较有自信去跟大家分享。再就是对于小组合作也有了更多的经验，学着如何跟其他人一起完成一件事，这是对我帮助很大的地方。

5. 其他您认为值得记述的与参加 UIA 竞赛有关的记忆。

    竞赛期间陈老师跟李老师都对我们特别尽心尽力。陈老师中期的时候还找来汤道烈老先生来帮我们看方案，虽然我们后来的过程充满了心酸坎坷（各种推方案、改方案），但也确实很扎实地学到了很多。对于城市规划跟建筑学的区别和联系也有了更深入的认识。这些坎坷和学习也被我看作是一份毕业大礼了。

指导教师笔谈（部分）

WRITTEN INTERVIEWS OF TUTORS
XI'AN UNIVERSITY OF ARCHITECTURE AND TECHNOLOGY

王竹
1993 年 UIA 国际大学生建筑设计竞赛指导教师

浙江大学建筑工程学院（原副院长、建筑系主任），乡村人居环境研究中心主任，教授，博士生导师。国务院政府特殊津贴专家、中国建筑学会理事、中国建筑学会绿色建筑专业委员会委员、全国高等学校建筑学专业指导委员会委员、国家科技部"十二五"村镇建设领域项目评审组专家、国家自然科学基金评审组专家。

　　1993 年是国际社会面对全球环境问题形成可持续发展共识的关键一年，也是本人教学科研经历中的重要一年。该年由联合国教科文组织（UNESCO）和国际建筑师协会（UIA）共同主办的第 15 届国际建筑设计竞赛——《可持续发展的社区方案－构想探索》，由本人指导的建筑学 93 届毕业班的 14 名学生小组提交的方案——"西安传统居住社区的更新改造"，在由 50 个国家和地区参赛的 406 份方案评出的 8 份最优秀学生方案中，荣获第三名。

　　1993 年正值建筑学院深化教学改革的进程中，结合毕业设计教学参加国际设计竞赛的动机和指导思想是要通过参加竞赛坚持结合社会实践性教学的深入，全面提高教学质量，提高师生的理论水平和专业素质，同时结合现实问题，关注、了解和把握建筑理论发展中的新动向，掌握最新的信息，引导和培养学生深入实际，观察和认识社会，提高发现问题、综合分析问题和解决问题的能力。

　　由于这次国际建筑设计竞赛的特殊要求，在当时来看难度很大，不仅理论性强、要求高、时间短，而且涉及许多相关学科和跨学科的内容，因此要求在教学指导思想、教学内容和教学方法上，有针对性地进行调整和突破。首先，确定方向：采取的是有机综合的方式，以求全方位地把握课题的背景、概念、意义和目标；其次，集中学习：利用寒假时间带领学生进行跨学科学习，并要求专业教师进行答疑与交流；之后，构建框架：该阶段是思维碰撞的阶段，也将存在各种分歧，经过分析和慎重考虑，最终决定从对建筑本质的思考入手，把对人类生存环境持续发展的研究放到以自然环境和社会环境为横轴以历史和社会的发展为纵轴的体系中去把握，立足于本土，脚踏实地，把世界性趋向与我们研究的实际结合起来，整体地分析研究影响社区持续发展的诸多因素，寻求解决问题的正确途径。

达成共识后，课题组冷静思考在城市快速发展过程中所带来的种种弊端，尤其是具有古老文化传统的城市特色及传统居住社区面对的是更为紧迫的问题，选择了历史文化名城西安的传统居住社区的更新改造作为实例，来把握理论思想在实践当中的运用。那么将对研究对象展开调研，首先以城市整体为背景，进行城市的综合调查；其次走进社区，着眼于"人"，着眼于"人"生活的全面需求，尊重传统社区中的社会组织网络及环境的形态结构。通过调研分析与思考逐步建立起了较完整的可持续发展社区建造理论体系，包括：合理的建造体系促进持续发展观念，建立持续发展的社区理念，进行整体、全面和综合的社区内外环境和形态结构研究，满足并适应居民生活方式及演变的全面需求，充分结合现代科学技术的优越条件，传统哲学及价值观的反思，汲取本土营建智慧和节地节能节材。在这样的思想体系的指导下，空间设计就有了充分理论依据，并将分析论证过程反映在最终的成果中。

在最终评委会报告中写道："看来人们对可持续性的物质实体方面问题的关注甚于对其社会经济和文化方面的可持续性的关注。评委会一方面承认这一点对于已经从事建筑事业者或正在学习建筑学的大学生来说可能是很自然的倾向。但同时也注意到这是一种作茧自缚的约束，是由于自我造作形象所致。一旦要去探求可持续性问题之时，这一点就站不住脚了。因此当发现有些方案紧紧把握住可持续性充满文化色彩的复杂性时，不禁令人感到特别可喜。其中最优秀的方案显示了可能预见到的发展道路和演变过程。"对于我们这份作品，报告中写道："该方案提供了一个优秀的实例，将有关可延续性的诸多问题与历史、文化和行为模式有机地结合为一个整体。"

经过紧张、充实的学习研究，课题组不仅圆满地完成了竞赛任务，师生们留下了一段美好的回忆，并且使学生在学习方法及思维方式上都得到了全面提升，也使本人对于专业有了更深刻、全面的思考，是令人难忘的人生经历。

李军环

2005、2008 年 UIA 国际大学生建筑设计竞赛指导教师

西安建筑科技大学建筑学院教授，工学博士。2005 年起任硕士研究生导师。主要从事西部地域文化与乡土聚落研究工作，主持及参与多项国家及省部级科研项目。作为主要参与人已完成国家科技支撑计划项目两项，国家自然科学基金面上项目三项，教育部、科技部专项资金项目各一项。参与完成专著两部，发表论文二十余篇。目前主持国家自然科学基金面上项目"藏彝走廊东部藏族传统聚落与民居建筑更新研究"（编号 51278415）。已培养硕士研究生 40 余名。指导学生毕业设计多次获陕西省土木协会奖励，2011 年获陕西省土木协会高校优秀毕业设计指导教师先进个人称号。指导学生参与设计竞赛多次获奖，其中获得 UIA 国际建筑学生设计竞赛第二名、第七名各一次。近年来，完成多项城乡规划与建筑工程设计实践项目。

1. 您对于您指导的那一届（或几届）UIA 竞赛题目的思考及理解？

2005 年的设计主题为特殊及极端环境条件下的建筑设计（Extreme-Creating Space in Extreme and Extraordinary Conditions）。

刚接触到这个题目的时候感觉到十分茫然，不知道应该从何处下手。不同于往届竞赛，这次题目所给的范围很广，可以从特殊地段下（如地形地貌、动物群、气候条件、战争或和平状况）、功能变化条件下、在经济变化或挑战下、在严重的自然环境变化或挑战下进行设计。由于可选的范围很广，所以刚开始的思路比较混乱。为了理清思路，我们决定从最基础的工作开始做起。完成了三方面工作：对过去几年的竞赛状况进行分析；对评委的背景资料了解掌握；对竞赛主题的分析与解读。

通过分析以往的竞赛我们觉得，首先应该在大的范围寻找问题，这个问题应该是敏感的、矛盾的、相互冲突的，同时又是人们普遍关注的问题。其次，最终的设计选题落到一个小点上，这个"点"应具有代表性，以"点"代"面"。

对竞赛题目的解读，极端和超常条件的定义是什么？极端和超常是要相对来说的，没有绝对的极端和超常，所以在定题的时候要有相对性，要指明是在某一时期某一特定环境下。设计的过程就是发现问题，解决问题。如果解决的问题具有普遍性，这样方案的意义就很大，但这又与题目的主题"极端和特殊"相矛盾。这也是题目的难度所在。我们认为应该是在大的范围寻找极端和超常环境下的敏感、矛盾性的问题，再找一个具有代表性的事例。或是找到的某一被人们共同关注的问题，再落到的那个极端或超常的点上来解决此问题。这个"点"应该是我们熟悉的，与本土条件相结合。

最终我们确定从儿童这一目标群入手。因为在极端环境下的最容易受到伤害的是儿童。

儿童现在最被人们关注四个焦点话题是：饥饿、暴力、童工、失学。在这其中建筑师能为这些儿童做些什么，什么事是建筑师可以做的，而且应该做且可以做好的。我们所关注问题是：贫困地区的儿童失学问题。与极端的扣题在于：在极端贫困经济挑战下，缺乏资金，缺乏专业人员，缺乏接受教育的基本条件——校舍。同时又是极端干旱的自然环境背景。我们的目标是：让贫困地区的儿童有一个良好教育环境，并使更多的因为贫困而失学儿童获得教育的权利。

我们选择的具体用地是延安市的青化砭地区的窑洞村，当地的地形为黄土梁峁，全年降雨量526mm。当地人口为813人，经济收入主要是农业，村里的青壮年在闲暇时间都外出打工。村内大概有6岁以上适龄儿童150个左右。设计提案为结合环境用当地传统的建筑方式、动员村民一起为儿童设计建构一个窑洞校舍。

本次竞赛最初构思就明确了我们不是单纯地完成一个设计方案，而是注重对策与一整套操作方法的探索。通过建筑师的介入，协调社会、地方政府、居民一起参与，共同建构极端贫困地区儿童教育环境。

2008年的设计竞赛要求参赛者配合大会主题——"演变中的建筑"设计一个图腾。该图腾应是一个表现交流和现代信息的建筑构造物，适宜置放于以下3种环境：社会环境（贫穷）、自然环境（生态）和城市环境（大都市）。这个主题有互为补充的两方面：一方面作为设计品，建筑具有传达其效能的能力和传达其所能引发深层社会意义的能力；另一方面建筑像触角一样，在洞察有效的能源和暴露出的社会现象方面起着积极的作用。建筑能够掌控领域内的变化，并且能够与参与其中的成员进行对话，能评价居民的生活和环境质量。

通过对题目的讨论，我们确定选取秦岭腹地传统村落为选题背景环境。最后选取秦岭山脉中的镇安县作为调研地点，在调研中，我们发现散居在秦岭大山中的传统村落在生产、生活中对桥非常依赖，同时，在政府资金覆盖不到的地方，村民对桥的需求非常迫切。思考关于修桥的问题时，同时还了解到了很多当地农村建筑的现状，带着对乡土建筑的初步了解和认识，引发了我们进一步深入研究的兴趣。最后的设计方案，它是一整套解决问题的方法措施，具有极强的针对性和操作性。提出的方案对整个秦岭山区人居环境建设有很强的理论价值与实践指导意义。

2. 在指导过程中给您留下印象比较深刻的事情？

回顾两次竞赛及我们的教学实践过程，觉得收获很大，在教学的各个环节都有所突破与创新，并且具有一定的理论水平。主要体现在教学方法、解题思路、设计理论基础、理论与实践相结合等几个方面。

教学方法：一直以来，我们坚持教学和学术研究互相渗透，课程设计和各类竞赛实践互相结合。在完成课程教学内容的同时，让学生有机会了解本学科最前沿的发展动态与相关理论，并且在各类高水平的竞赛中检验学生对专业知识的掌握情况，有一个横向比较。这样，可以让教与学两方面都能清楚地认识自身的优势与不足之处，清楚自己在全国乃至全世界所处的位置。这种信息反馈是客观而且直接的，可以直观地检验我们的教学效果。

设计理论基础：关注中国西部的极限与生态问题、地域文化与乡土建筑，一直以来是我们研究的主要学术领域与阵地。此领域研究从可持续发展的人居环境理论出发，融合西部地域文化与生态技术，寻找适合大西北及黄土高原的人居环境技术路线，建构西部地域建筑学理论。西部贫困地区生态脆弱，气候干旱，经济欠发达，我们必须探寻适合西部的、具有黄土高原特色的建筑形式与解决方案，这是我们一直以来研究的问题，也是这次教学过程中始终坚持的基本方向。

改变西部的人居环境状况，是一个复杂的系统的工程，非建筑师一人可以完成，它需要社会的关注与支持。这些综合问题的解决，是建立中国西部和谐社会的关键。我们组织学生在更高的视点上看待这些问题，综合分析，提出相关解决方法与对策，直至最后的设计方案，它是一整套解决问题的方法措施，具有极强的操作性。

理论与实践相结合：在教学及组织学生参加竞赛的过程中，我们一直坚持理论与实践相结合。体现在三个方面：一是课程理论教学与国际竞赛的实践环节相结合，可以很好的拓展我们课堂教学的不足，是教学的延伸和补充；二是学术研究与具体教学实践相结合，二者相互渗透，相互促进；三是设计过程中技术路线与方法的理论探索与具体实验相结合，不但让同学学会探索解决问题的理论方法，还让他们明白科学实验是对理论研究的有力补充。

3. 您对当前参与 UIA 竞赛的老师和学生有何意见或建议？

不敢说有很好的建议，只是自己的几点感悟与大家分享。

首先是对题目的正确理解与解读。这点比较容易理解，直接涉及设计提案方向的正确与否。其次是设计提案主题的确定。围绕竞赛主题，选择恰当的关注点与具体要解决的问题，这个选题必须是全球范围内人们普遍关注的问题，才能为大家所接受并引起评委们的共鸣。如果选题为国内所关注、甚至是突出的社会问题，但不一定在全球范围内为人们所了解，那么别人不可能理解你的所思所想，自然不可能接受你的提案。最后是成果的表达。由于是国际竞赛，提交英文表述成果，在提案内容的表达上要注重以西方思维逻辑梳理设计内容与流程的准确表述。

王健麟

2005 年 UIA 国际大学生建筑设计竞赛指导教师

1985 年毕业于天津大学建筑系，获学士学位；

1990 年在西安冶金建筑学院建筑系获建筑系硕士学位，导师刘鸿典教授；

1985 年至今在西安建筑科技大学建筑学院工作，任副教授，同时担任空间造型实验室主任。

1. 您对于您指导的那一届（或几届）UIA 竞赛题目的思考及理解？

王：我指导的是 2005 年第十九届国际建协 UIA 大学生建筑设计竞赛。当时是我和李军环老师一起指导了六名学生，其中本科生四名、研究生两名。那一届的竞赛题目是"极端条件下的建筑设计"。

经过对题目要求的认真深入的分析我们确定了一个既新颖又有我校特色的竞赛题目，"一个都不能少——极端条件下的农村校舍设计"。在指导过程中，我本人有以下体会：

①首先要对题目有全面和深入的理解，这样才能指导后面的具体设计。最终我们的设计里，体现了符合题目所要求的三种极端条件，即：极端贫困、极端干旱以及当地的弱势群体（儿童）。因而与题目的要求极为契合。

②要拿自己的长项和特色去和其他人竞争。我们把基地选择在陕北地区，同时采用咱们学校较为擅长的窑洞这种建筑形式来进行设计，从形式和内容上就极富特色。

③设计过程要尽量创新，且要体现在图纸表达中。我们带领学生到基地所在村庄调研的情景，以及学生自己动手制作模型和进行试验等，均在图纸成果中有所表达。

④最后的图纸表达要新颖夺目，总体效果要尽量从大量的图纸中脱颖而出。

2. 在指导过程中给您留下印象比较深刻的事情？

王：留下较深印象的是当时，在拿到竞赛题目后，学院非常重视，专门组织以往参加过此类竞赛的老师来介绍经验，以及帮助指导教师分析题目等，为我们获奖奠定了基础，在此也表示感谢！

3. 您对当前参与 UIA 竞赛的老师和学生有何意见或建议？

王：希望今后参加此类竞赛的老师和学生多向有经验的老师请教，并在完成竞赛的各个阶段，特别是前期解题和总体方向把控上，多听取他们的意见。

李岳岩　陈静

2008、2014 年 UIA 国际大学生建筑设计竞赛指导教师

李岳岩老师主要从事建筑设计、城市设计的教学、研究和创作工作。始终工作在教学一线，负责建筑学专业的建筑设计理论系列课程，同时承担建筑设计和毕业设计课程，指导学生 2 次获得"UIA 国际大学生建筑设计竞赛"奖。

兼任西安建筑科技大学建筑设计研究院副总建筑师，目前为中国建筑学会资深会员、乡村建筑专业委员会副理事长、地域建筑分委会委员。主持完成了 30 余项建筑与城市设计作品，多次获得省、部及建筑学会优秀设计奖。其中，"咸阳人民路、西兰路城市设计""黄河兰州市区段及两岸地区城市设计"获得陕西省优秀规划设计一等奖。"西安成城大厦"获有色金属工业总公司优秀设计二等奖，"四川雅安 420 大地震灾后重建—震中龙门古镇规划及建筑设计"获雅安 420 大地震灾后重建优秀规划设计一等奖、四川省优秀规划设计一等奖、2015 中国人居经典规划建筑双金奖。

陈静，副教授、硕士生导师、ETH 访问学者。本科（1994）、硕士（2002）毕业于西安建筑科技大学建筑学院，2011 年毕业于东南大学，获建筑设计及其理论方向博士学位。

1994 年本科毕业留校任教，主要从事建筑学专业本科建筑设计教学与硕士研究生城市设计理论与方法的教学工作。主编的"建筑设计基础——独院式住宅"课件荣获中国建设教育协会举办的第二届建筑类多媒体课件大赛的一等奖，2009 年，由中国建筑工业出版社正式出版。主持的独院式住宅（2011）、幼儿园（2013）、书屋设计（2019）教案在全国高校建筑设计教案 / 作业观摩和评选活动中荣获优秀教案。曾多次获西安建筑科技大学优秀主讲教师荣誉称号（2012,2013,2015）。

在科研领域参与国家自然科学基金"九五"重点研究项目"绿色建筑体系与黄土高原聚居模式研究"、国家十三五重点研发计划，"基于多元文化的西部地域绿色建筑模式与技术体系"与"目标和效果导向的绿色建筑设计新方法及工具"等课题。参与完成论著《韩城村寨与党家村民居》（1999）、《中国传统建筑的绿色技术与人文理念》（2017），并在《建筑学报》《建筑师》《新建筑》《世界建筑》等核心期刊及重要会议上发表论文二十余篇。

参加完成黄河兰州市区段及两岸地区规划设计竞赛、西安渭河生态景观带概念规划国际竞赛、西安新火车站国际竞赛、雄安新区建筑设计竞赛等国内外重要设计竞赛投标，获得优异成绩。主持完成的洛南县苓岭绿道门户区建设工程项目荣获 2020 年度陕西省优秀工程设计二等奖。

我校自 1984 年首次在国际建协（UIA）举办的学生设计竞赛中获奖以来，UIA 竞赛对于我们每一位建大人而言早已超出了竞赛本身具有的意义，它是一种荣誉的象征，更是一种师承精神的象征。在今天如此名目繁多的设计竞赛中，UIA 竞赛依然是我们学生与老师最为关注的赛事。我们曾经仰望过 UIA 竞赛带给师兄师姐们的荣耀，也有过大学时代与 UIA 竞赛擦肩而过的遗憾。如今

国际建筑师协会（UIA）大学生建筑设计竞赛获奖作品集（1984—2017）

当我们以指导教师的身份投入到 UIA 竞赛中时，心中充满着对前辈们的敬意。我们与学生们共同努力着续写建大的辉煌。其中有着成功的喜悦，也有着失败的遗憾，趁着 60 年校庆之际与大家分享一下我们近年来参赛的感想。

"设计源于生活"这是最为朴实也是最为重要的设计哲理。当我们以极大的热情与饱满的精力投入到竞赛中时，运用专业的视角回应设计题目的同时，请大家不要忘了低头看看我们脚下的路，也就是我们的生活本身是什么样的？这种真实的生活是我们设计的起点，以专业的技能回应生活的本真。

2008 年第 20 次 UIA 竞赛的主题是：TOTEM。我们设计指导的作品"BACK TO THE PARIDISE_THE TOTEM OF MODERN LIFE IN CITY"（王汉奇、梁晓亮、闫冰、汤阳、徐心、戴婧华）获得了优秀奖。该方案以屋顶交往空间的塑造回应了我国当代住区空间所造成的人际交往缺失的问题。其概念源自王汉奇同学的亲身经历：他们家住在顶楼，喜欢养鸽子的父亲在屋顶搭建了一个鸽子屋的同时也搭建了一个喝茶的空间。原本反对他父亲搭建鸽子屋的楼下邻居，渐渐成了屋顶茶楼的常客，由此建立了良好的邻里关系。在这个事件中，我们捕捉到了一种生活的日常。它已超出了我们原本对于图腾 TOTEM 意义的理解，例如：图腾是一种对祖先的祭奠，是一种宗教的信仰……，真正驻留在我们心中的那个图腾正是这个不经意间的平常，它引起了评委的共鸣。

"建筑或者革命"这是建筑大师勒·柯布西耶面对 20 世纪初欧洲所面临社会矛盾而提出的口号。将建筑与社会的需求结合起来，这是建筑师最为基本的社会责任，这也是 UIA 组织所倡导的精神核心之一："在国际社会代表建筑行业，促进建筑和城市规划不断发展"。

2014 德班 UIA 竞赛题目："ARCHITECTURE, UN AUTRE AILLEURS"（建筑，在他处）。竞赛选址位于南非德班市中心的沃里克枢纽区域。竞赛鼓励通过建筑学角度从长期 − 大规模、中期 − 中等规模、短期 − 小规模三个层面的干预来改善城市居民的居住体验。以回应大会的三个子主题"恢复力，生态力，价值力"的观念。这是一个复杂的题目，基地是一个充满活力的交通枢纽，每天有 50 多万客流量，也是一个规模空前的非正式商贩的交易场所，为将近 6000 个商户提供商业机会；

基地周边是一个具有重要历史意义的穆斯林、帕西人、犹太人和基督教派的公用墓地。面对如此复杂的基地环境，社会背景分析是必要的，从经济、政治、文化和社会角度分析南非、德班、沃里克枢纽区的社会生态是设计的第一步。在此我们也感谢学院为我提供了现场调研的机会，使我更为生动的体验了德班"黑人社会"的现状。在此基础上，我们寻求的是社会问题的空间化——种族隔离造成的空间隔离问题，我们指导研究生团队试图通过空间缝合而带来种族的融合。该方案获得优秀奖。

好的设计概念离不开好的表达，这也是我们参赛过程中最耗费精力的地方。一方面，表达需要简明、清晰，这是抓住评委眼球的第一步。鲜明的标题、专业的语境、优美的画面是必备的要素；另一方面，在有限的版面内传达出设计思考的深度，这是得到评委认同的关键。对设计内容的筛选及其相互之间逻辑性的表达决定了设计思想传达的有效性。

2005 年在土耳其伊斯坦布尔举行的 UIA 竞赛中，我们的团队（刘宗刚、肖波）针对"特殊条件下的建筑设计"题目，选取了生态多样性最差的场所之———"城市空间"为研究对象，希望通过设计提升城市中的生态多样，达到人与自然和谐的目的。该设计在当时并没有得到评委的认可，事后学生继续以此为主题修改了设计，在日本的国际竞赛中获得了奖。这也在一定程度上是对此设计概念的认可。多年后当我们再次审阅当时提交的 UIA 竞赛图纸时，我们很难从图纸中获取设计所要表达的直接意图。信息量过大导致重点不够突出；图纸的堆叠削弱了设计的逻辑。因此可见图纸的自明性在竞赛中具有重要的意义。

裴钊
2014 年 UIA 国际大学生建筑设计竞赛指导教师

加拿大多伦多大学城市设计硕士；从事教育之前，在北美和中国地区的从业十年，拥有丰富的城市设计和建筑设计经验，擅长综合性、跨学科、不同尺度的城市与建筑设计项目，曾获得了不同国家与地区的奖项；2006 年与加拿大学者合作在北美策展了"迂回－中国当代建筑师对于中国快速城市化问题策略性的回应"，并参与了多个国际性建筑展览。目前任教于西安建筑科技大学建筑学院。

城市设计的起源有很多种说法，目前比较一致的看法是现代意义上的城市设计起源于出现于 19 世纪后期的美国城市美化运动，直至 1953 年哈佛大学研究生院首开城市设计课程，1956 年召开首次以城市设计为主题的会议为标志，意味着城市设计从最初的自发实践进入理论研究阶段。城市设计在最初的阶段就体现了其更关注于城市现实问题和实践活动的特点，而因为每个城市的现实问题千差万别，所以城市设计的理论和实践必然体现了多元的价值观和差异化的发展路径；这也许是为什么至今为止，对于城市设计的概念一直没有一个权威的和公认的定义，也恰恰因为这样，城市设计作为一个边界模糊的学科方向，在一个世纪来，其实践内容和理论不仅随着时间，也根据其所在的不同城市和地区，不断更新和变化，却一直保持着吸引人的活力。

在中国，现代城市设计的实践活动开始于 1980 年代，进入 1990 年代以来，快速城市化背景下的城市建设推动城市设计的蓬勃开展，在新城建设和旧城更新方面发挥着积极的作用。国际建协 1999 年颁布的《北京宪章》指出"通过城市设计的核心作用，从观念上和理论基础上把建筑学、景观学、城市规划学的要点整合为一"，这一定义不仅强化了城市设计的在人居环境学科中的地位，也明确的指出了城市设计的多学科交叉特点。为了满足中国现代化进程中城市设计实践对专业人才的需求，我国建筑类院校积极开展城市设计相关教学研究与探索，城市设计在建筑学、城乡规划以及风景园林专业的培养方案中均是核心课程之一。

如何紧密结合学科发展的动向，将最新学科理念和学术研究成果融入教学实践；如何紧密结合我国城市建设发展的动向，应对当前城市建设由增量扩张向存量治理的转型，培养具有创新实践能

国际建筑师协会（UIA）大学生建筑设计竞赛获奖作品集（1984-2017）

力专业人才是城市设计课程教学需要回答的核心问题。

　　2014 年世界建筑师大会在南非德班召开，大会主题是＂建筑在他处＂（Architecture Otherwhere），学生竞赛也围绕这个主题而设计，设计议题是南非德班沃里克枢纽站周边城市设计。竞赛要求围绕UIA 2014大会的三个子主题＂适应 (Resilience)＂、＂生态 (Ecology)＂＂价值 (Values)＂，探讨城市与建筑在西方正统建筑语境之外的其他可能性，鼓励世界上非西方文化体系的国家和地区探讨各自的建筑文化价值，肯定了多元价值对于当今世界的意义。本次竞赛对于设计成果有着多重要求，在每个层面中，学生需要考虑的不仅仅是建筑学本身，同时需要考虑地区文化、社会现实、经济发展等诸多议题：第一，制定一个针对沃里克枢纽站的长期－大规模发展规划；第二，提出针对布鲁克大街墓地一条街道的中期－中等规模发展计划；第三，在沃里克枢纽站建造一个达到即时－小规模干预目的的城市催化剂。通过对沃里克地区长期，中期，短期，三个不同阶段、不同程度的干预，构成一个连续的，完整的城市设计方案，解决城市现实和发展问题。

李昊

2014、2017 年 UIA 国际大学生建筑设计竞赛指导教师

国际建筑师协会（UIA）大学生建筑设计竞赛获奖作品集（1984-2017）

西安建筑科技大学建筑学院教授。长期致力于城市设计的教学、理论研究和工程实践，专注于历史城市形态研究、城市建筑空间的一体化设计、地域性城市与建筑设计研究。先后完成西安中轴线长安南路综合改造规划设计，西安雁塔新天地概念设计，西安高新开发区产业园区规划设计，天水城市风貌规划研究，嘉峪关城市风貌规划研究，嘉峪关南市区城市设计，咸阳中山街历史地段更新规划，泰安整体城市特色研究，泰安历史文化中轴线——通天街城市设计，泰安高铁地段城市设计，泰安蒿里山文化街区建筑设计，泰安火车站天庭园商业街区建筑设计，嘉峪关世界文化遗产公园旅游文化街建筑设计等城市及建筑设计二十余项。指导学生参加国际建协（UIA）大学生建筑设计等国内外重大设计竞赛，获奖三十余项。出版专著三部，在国内外核心期刊上发表文章三十余篇。

2014 年世界建筑师大会在南非德班召开，大会主题是"建筑在他处"（Architecture Otherwhere），学生竞赛以南非德班沃里克枢纽站周边地区城市设计为题，要求围绕 UIA 2014 大会的三个子主题"适应性，生态性，价值性"开展，探讨"其他"的具体实践方式、"其他"学科的交叉路径以及"其他"城市居民的参与途径。竞赛要求通过对沃里克地区长期，中期，短期，三个不同阶段、不同程度的干预，构成一个连续的，完整的城市设计方案，解决城市现实和发展问题。

我们结合城市设计系列课程——"城市设计"以及城市设计类"毕业设计"教学组织此项国际竞赛。对建筑学专业而言，城市设计不仅仅是一个具体的设计实践类型，是让学生建立全面建筑观的重要路径。通常城市设计课程被安排在四年级，其原因是在学生接受了建筑学基本教育，并已掌握建筑设计基本知识以及一定的空间塑造能力基础上，需要进一步拓展学生对建筑群体空间、建筑与环境、建筑与城市等的认识。该课程的设置主要解决以下问题：第一，培养学生建立全面的建筑观，强化对社会经济、城市环境、历史文脉等与建筑的关联认知；第二，培养学生开展研究型设计的能力，提高学生应对群体建筑，建筑与环境，建筑与城市的设计能力；第三，培养学生掌握城市设计的相关知识。城市设计类毕业设计是系列课的最后一个环节，要通过实际课题或者竞赛课题的演练，考查学生运用基本知识与技能，以及分析问题、研究问题和解决问题的综合能力。

本次基于 UIA 竞赛题目的课程设计使学生受到较全面的锻炼的同时，也在训练学生设计的复杂性和前瞻性方面有所拓展。毕业设计相较课程设计，时间充裕、课时集中，还有配套毕业实习等的有利条件。因此，教学计划在安排上有别于课程设计，在总体上分为三个部分，首先安排学生利用整个五年级上学期设计院实习的空余时间开展相关基础资料的收集和整理；其次利用寒假进行案例调研，对设计内容和背景建立全面的认识；最后是毕业设计的设计实战。设计实战以学生为主体，最大程度的发挥学生的自主能动性，包括整体计划的制定、环节的安排、进度的控制等等，教师不同于设计课程的指导角色，只在学生的阶段性环节参与讨论，进行引导性的教学。

在2013-2014年度教学中，结合UIA竞赛进行的城市设计系列课教学顺利完成了教学任务，在课程设计和毕业设计中，大四和大五的建筑学学生对城市设计建立了较为全面的认识，为形成系统的城市设计和建筑设计方法奠定了扎实的基础；同时，在课程作业的基础上，同学们继续优化、完善设计方案，最终将成果提交大会参加竞赛，包揽了第22届UIA世界大学生设计竞赛的前两名。其中，四年级城市设计学生吴明奇、牛童、冯贞珍在裴钊老师的指导下，获得第一名的优异成绩，评委认为该方案"为2050年的德班提供了一个长期发展的蓝图：通过建造一个教育综合体，创造新的城市公共空间，促进社会凝聚力。方案最出色的地方在于：将沃里克枢纽站转变为城市再发展的契机，将被激活的火车站纳入城市的整体发展轨迹中，加强了地段与周边环境的联系，设计真正建立并强化了生态和弹性的理念"。五年级毕业设计周正、卢肇松、古悦、张士骁在李昊老师的指导下，获得第二名的好成绩。评委认为该方案"具有强烈的时代意识，利用微小体贴的手法进行建造，充分理解文脉，从而取其精华去其糟粕，让评委会印象深刻"。通过对基地全面、充分的认知，方案展示了一个有深度、有层次的视野，并从一个从长远视角出发构建场所。这个议题最重要的特点是建立了一系列连贯的事件，通过创造共同环境、共同场所以及共同基础，反映了学生对地块复杂性的独特理解，并对整个空间策划发展进程的把握，如何通过小型干预，达到长远视野目标，从而回应当地城市与居民的诉求。

苏静

2017 年 UIA 国际大学生建筑设计竞赛指导教师

西安建筑科技大学建筑学院 讲师，博士研究生。长期致力于建筑与城市文脉、遗产保护展示理论研究与教学实践。多年积极投身考古遗址公园规划、遗址博物馆设计及遗址保护展示工程的相关科研与工程实践，作为研究骨干先后参与了国家青年科学基金项目"中国考古遗址公园中建筑遗址的展示理论与方法研究""信息融合下的建筑遗址阐释与展示理论及应用"、陕西省教育厅重点实验室科研计划项目"大遗址适宜性展示阐释设计方法研究"等相关科研项目。作为项目负责人承担了《汉阳陵国家考古遗址公园规划》《陕西神木石峁考古遗址公园规划》《汉阳陵帝陵陵园保护展示工程》《汉长安城未央宫前殿遗址保护展示工程》《元上都御天门、大安阁、穆清阁遗址保护展示工程》等相关实践项目十余项。

2017 年获得西安建筑科技大学优秀主讲教师，指导学生参与设计竞赛多次获奖，其中获得 UIA 国际大学生建筑设计竞赛第三名，以及 UIA 霍普杯国际大学生建筑设计竞赛、中国建筑院校境外交流作业等各类奖项八项，发表教学论文多篇。

1. 您对于您指导的那一届（或几届）UIA 竞赛题目的思考及理解？

我指导的是 2017 年那届，主题是后人类的城市性。拿到题目时，其实对后人类没有清晰概念，只有字面意思的联想。后来竞赛小组做了一些调研讨论，阅读了关于人类、后人类的书籍，发现自身虽然属于人类，但是从来没有从人类视角进行宏观的感知与叙事。

回顾整个设计过程，我认为在竞赛过程中的难点是在宏大世界价值观的主题要求与设计任务及基地现实的落差，就是如何立足现在、现实又能面向未来、愿景，不过这也正是竞赛有意思的地方。

竞赛要求建构一个更有机城市的更新视角，有机城市即人类与许多参与者存在的错综复杂的生命图谱。城市不仅是人类的居地，也允许其他生命体平等的栖息。设计始于讨论关键问题：1. 主题——对"后人类"的阐释；2. 对象——生命体的类型、需求与栖息方式；3. 基地——文脉、现状、问题与挑战；4. 背景——韩国文化的特征与特质。设计过程就是在不断论证对于关键问题解决方式的指向性、有效性与创造性，要做到"情理之中、意料之外"，这也是"建筑与城市文脉"课程的设计路线。

2. 在指导过程中给您留下印象比较深刻的事情？

设计前期阶段，我有机会去过基地，做了一些实地调研。基地并非想象中问题矛盾集中，反而是一个安静而平静的住区，但是基地区位又决定了其未来城市核心发展动力的要求。设计要在平静与活力中寻求突破，又要观照后人类主题，是一个很有难度的竞赛。在设计与现实的博弈中寻找指导学生的最佳方式，是我在指导过程中一直思索的问题。

3. 您对当前参与 UIA 竞赛的老师和学生有何意见或建议？

竞赛需要多多参与。竞赛对老师、学生的设计、思维能力的提高都有很大助力。

王墨泽
2017 年 UIA 国际大学生建筑设计竞赛指导教师

　　西安建筑科技大学青年教师，2008 级本科西安建筑科技大学建筑学，2013 年研究生赴美就读于伊利诺伊大学香槟分校，专业为城市设计。2015 年留校任教，担任城市设计方向教师，于 2017 年首尔 UIA 世界大学生建筑竞赛辅导学生斩获三等奖一项，提名奖一项，于 2017 年 UIA 霍普杯带领学生获得优秀奖。同时在中意联合工作营中指导学生获得 2017 中国建筑教育境外交流作业展一等奖和三等奖。并在 2017 年 UIA 大会发表论文，2017 年全国高等教育建筑学专业指导委员会大会发表会议论文。

1. 您对于您指导的那一届（或几届）UIA 竞赛题目的思考及理解？

　　2017 年的主题是 Post-Human Urbanity：A Biosynthetic Future on Namsan，其实当时最困扰大家的就是后人类和生物融合这两个词，何为后人类，何为生物融合。"后人类"实际上是跳出了人类的桎梏，探讨脱离工业时代、脱离地球的新文明形式的形而上基础的可能方向。而"生物融合"其实也不只是绿色与生态，在我们城市设计课程体系里也包含着人类自身多元并存的融合，正如人居 III 大会提出的"Inclusive"是未来城市的趋势，即是包容。而针对基地解放村从形成之初到现在的趋势就是愈发多元包容，所以如何保持解放村特质的同时使之能够兼容并蓄地发展成为我们对题目诉求的理解。

2. 在指导过程中给您留下印象比较深刻的事情？

　　指导过程中其实最有意思的我认为是前期，因为大家都没有去过基地，只能如同柯南侦探一般去抓住一切可能的线索，韩国虽然离我们这么近，但是我们对其的深入了解远远不足，韩国特有的社会文化造成了看似同于国内的现象，然而本质却并不相同，比如 K-Pop 的迅速传播并不只是自下而上的方式，更多是自上而下的政府政策，再比如韩国的教会对政治的影响十分巨大，还有日治时期对现代韩国人的影响等等。这些看似杂乱的现象问题都成为我们不断探索基地形成原因以及发展趋势的重要线索。为此我们也购买了大量关于韩国乃至朝鲜半岛研究的书籍作为研究基础，同时找寻韩国本土对基地的研究报告了解相关内容，非常有意义，这恰恰是应该对一个区域的全方位多学科的研究，而不单单只是套路化地"调研"然后直接设计。

3. 您对当前参与 UIA 竞赛的老师和学生有何意见或建议？

UIA 竞赛的主题多是城市的问题，首先问题的发现过程需要大量的研究和讨论，问题不只是一类，甚至在设计中也会产生新的问题。而在方案的设计阶段也并非一次性解决问题，需要阶段性地回应问题，并考虑可能引发的其他后果，逻辑也并非是线性的，所以竞赛过程中的变量的控制会比较难以掌握，需要老师和学生不断沟通讨论来确定，既是学生的团队合作，也是老师以及学生的有效配合。

后记

终于，历时4余年，这本作品集即将出现在大家眼前，如释重负。

伴随着西安建筑科技大学建筑学院创办一个甲子历史性节点的到来，2015年，刘加平院士及诸位老教师针对我院优秀的UIA国际大学生建筑设计竞赛成绩提出了出版作品集的构想，2017年3月9日，刘加平院士在建筑学院主持召开了关于院志及UIA获奖作品集编写的会议，会后安排由段德罡老师、沈婕老师负责《国际建筑师协会（UIA）大学生建筑设计竞赛获奖作品集（1984—2017）》的资料整理及编辑出版工作。本作品集的编辑和出版是对西安建筑科技大学建筑学院自1984年参加UIA国际大学生建筑设计竞赛以来所取得的成果的记录和展示，是对凝聚了一代代建院师生的心血、理想与牢记使命、顽强拼搏的时代精神的写照。

在本作品集的筹备和编辑过程中，我们得到了学院领导、教师、同学们的大力支持与帮助。编者通过各种渠道联系到了当时的很多参赛学生和指导教师，当大家知道是在这个重要的时间节点上对于建筑学院参加UIA国际大学生建筑设计竞赛以来的汇总、整理和记录，从面谈、电话到微信，从图纸、照片到文字，从翻译、介绍到访谈，都给予了非常热情的配合与帮助。在看到一张张生动的照片时，在读到一个个感人的故事时，在揣摩一份份优秀的作品时，我们禁不住一次次的骄傲与感动，他们的科学严谨、他们的胸怀责任、他们的创作热情，都令人感佩至深。感谢王竹、李军环、王健麟、李岳岩、陈静、裴钊、李昊、苏静、王墨泽等指导教师接受编者的书面采访，分享关于竞赛的思考并提出自己的建议；感谢杨豪中老师对本作品进行审阅并提出修改意见。感谢周庆华老师，作为1984年竞赛的获奖学生，提供宝贵资料、讲述当时参赛的背景故事，并对本作品集进行审阅、提出修改意见；感谢马健老师、白宁老师积极联系当时的参赛队友，为本作品集的资料收集提供重要帮助；感谢为本作品提供资料、接受访谈以及给予帮助的所有参赛学生和指导教师。特别感谢张光老师从素材的提供到内容的完善，一次又一次的补充材料和严谨梳理，一版又一版的悉心审阅和提出建议，付出了十分辛勤的汗水；感谢吕东军老师提供了大量珍贵的原始资料，为本作品集内容的充实提供了重要支撑；感谢陈静老师、王怡琼老师给予的诸多帮助，感谢西安建筑科技大学图书馆王燕平馆长帮助搜寻资料，感谢艺术学院孙红蕾老师精心的版面设计，感谢董方老师对于序和后记逐字逐句的润色与修正；感谢行政办、教学办、学工办老师在联系协调、资料提供、志愿者招募等方面的大力协助，感谢研究生志愿者认真的排版工作。

特别要感谢刘鸿典、广士奎、刘宝仲、李树涛、周若祁、刘克成、刘加平等历届院（系）领导对我院参加UIA竞赛工作的殷切关怀与大力支持，通过他们的辛勤工作，指明教育方向、搭建交流平台，为师生参加竞赛提供各方面的保障。

由于本作品集开始筹备的时间较早，虽经不断地补充、修改和完善，还会有获奖学生与指导教师的个人信息未及更新；同时，本作品集中收录的获奖作品时间跨度大、涉及人员多，难免存在疏漏和贻误，还望读者海涵理解，并予以批评指正。

如释重负之后，是满怀希冀。这本作品集，既是一个总结，也是一个起始。预祝我院莘莘学子不忘初心砥砺前行，在各种国际竞赛中取得更加辉煌灿烂的成绩，为学院书写令人骄傲的新篇章。

西安建筑科技大学建筑学院教师：段德罡 沈婕

2019年8月

图书在版编目（CIP）数据

国际建筑师协会（UIA）大学生建筑设计竞赛获奖作品集=Awarded Works of UIA International Student Competition in Architectural Design：1984–2017/ 西安建筑科技大学建筑学院教授委员会编著.—北京：中国建筑工业出版社，2020.11
（西安建筑科技大学建筑学院办学60周年系列丛书）
ISBN 978-7-112-25489-7

Ⅰ.①国…　Ⅱ.①西…　Ⅲ.①建筑设计—作品集–中国–现代　Ⅳ.①TU206

中国版本图书馆CIP数据核字（2020）第184887号

责任编辑：陈　桦　王　惠
书籍设计：徐红蕾　付金红　李永晶
责任校对：张惠雯

国际建筑师协会（UIA）大学生建筑设计竞赛（简称IPSA）是为全球建筑学专业学生设置的最高规格竞赛，被誉为"世界建筑学专业学子的奥林匹克大赛"，其目的在于鼓励、引导未来的建筑师们参与探讨当代全球建筑理论、建筑设计最前沿的问题。本作品集记录和展示了西安建筑科技大学建筑学院师生自1984年参加UIA竞赛至2017年的10次获奖所取得的成果，以及部分参赛学生和指导老师的文字采访，展现了一代代建院师生的心血、理想与牢记使命、顽强拼搏的时代精神。

西安建筑科技大学建筑学院办学60周年系列丛书

国际建筑师协会（UIA）大学生建筑设计竞赛
获奖作品集（1984—2017）

Awarded Works of UIA International Student Competition in Architectural Design

西安建筑科技大学建筑学院教授委员会　编著

*

中国建筑工业出版社出版、发行（北京海淀三里河路9号）
各地新华书店、建筑书店经销
北京方舟正佳图文设计有限公司制版
北京富诚彩色印刷有限公司印刷

*

开本：880毫米×1230毫米　1/16　印张：17½　字数：435千字
2021年2月第一版　2021年2月第一次印刷
定价：**198.00**元
ISBN 978-7-112-25489-7
　　　（36466）